Hochschultext

812
28-

Dierk Henningsen

Einführung in die Geologie für Bauingenieure

Mit 37 Abbildungen und 5 Tabellen

Springer-Verlag
Berlin Heidelberg New York 1982

Professor Dr. D. Henningsen
Institut für Geologie und Paläontologie
Universität Hannover (TU)
Callinstraße 30
3000 Hannover 1

ISBN 3-540-11309-6 Springer-Verlag Berlin Heidelberg New York
ISBN 0-387-11309-6 Springer-Verlag New York Heidelberg Berlin

CIP-Kurztitelaufnahme der Deutschen Bibliothek
Henningsen, Dierk:
Einführung in die Geologie für Bauingenieure
Dierk Henningsen. – Berlin; Heidelberg; New York: Springer, 1982.
(Hochschultext)
ISBN 3-540-11309-6 (Berlin, Heidelberg, New York)
ISBN 0-387-11309-6 (New York, Heidelberg, Berlin)

Druck- und Bindearbeiten: Fotokop Wilhelm Weihert, Darmstadt.
2132/3130-543210

Vorwort

Jeder Bauingenieur sollte geologische Kenntnisse während seiner Ausbildung vermittelt bekommen oder sich später aneignen. Die Ansichten darüber, aus welchen Bereichen der Geologie diese stammen müssen, sind jedoch unterschiedlich. Besonders in der Vergangenheit war es vielfach so, daß geologische Lehrveranstaltungen für Studierende des Bauingenieurwesens überwiegend rein geologische Grundlagen enthalten haben. Meines Erachtens kommt es aber nicht darauf an, kommenden Bauingenieuren ein breit angelegtes geologisches Basiswissen mitzugeben, sondern sie anhand von ausgewählten Beispielen darauf hinzuweisen, inwieweit geologische Prozesse bei Bauvorhaben berücksichtigt werden sollten und welche Fragen nur von Geologen gelöst werden können.

Insofern sind die bisher auf dem Markt befindlichen Einführungen in die Geologie nur bedingt für die Ausbildung von Bauingenieuren geeignet. Für diesen besonderen Zweck wurde deshalb der vorliegende, bewußt einfach gehaltene Einführungstext geschrieben. Er ist aus einer geologischen Grundvorlesung hervorgegangen, die ich für Studierende des Bauingenieurwesens seit mehr als 10 Jahren an der Universität Hannover (TU) halte. Einige Punkte habe ich zusätzlich aus Unterlagen für Lehrveranstaltungen "Geologie für Bauingenieure" übernommen, die mir freundlicherweise von Fachkollegen aus Aachen, Braunschweig, Berlin (TU), Karlsruhe und Stuttgart zur Verfügung gestellt wurden.

Im vorliegenden Text sind die Themenbereiche "Ansprache von Gesteinen" und "Interpretation von geologischen Karten" sehr knapp gefaßt, weil sie nur in

Form von Übungen an Gesteins- und Kartenmaterial vermittelt werden können. Einige weiterführende Schriften
zur Geologie und Ingenieurgeologie sind im Literatur-
verzeichnis am Schluß des Textes zusammengestellt.

Hannover, Herbst 1981   Dierk Henningsen

Inhaltsverzeichnis

1 Geologie und ihre Bedeutung für das Bauingenieurwesen

Die Geologie befaßt sich mit der Zusammensetzung der Erde und der Entwicklung der Kontinente und Ozeane bis zu ihrem heutigen Bild. Dabei wird unterschieden zwischen den Auswirkungen/Bildungen von Kräften, die im Erdinneren freigesetzt werden (Erscheinungsformen z.B. Erdbeben oder Vulkanausbrüche) und solchen, die sich an der Erdoberfläche entwickeln (Erscheinungsformen z.B. Verwitterung oder Abtragung).

Die meisten Gesteine, die heute an oder nahe an der Erdoberfläche zu beobachten sind, entstanden bereits vor langer Zeit unter Bedingungen, welche von denen abweichen, die heute am Ort ihres Vorkommens herrschen (z.B. andere Verteilung von Land und Meer oder anderes Klima). Deswegen muß die Geologie bei der Beurteilung von Gesteinen oder Geländeformen außer dem heutigen Zustand auch deren oft lange Entwicklungsgeschichte berücksichtigen. Hierbei handelt es sich um Zeiträume, die nach menschlichen Begriffen unvorstellbar lang erscheinen: Das Gesamtalter der Erde wird heute auf etwa 4.6 Milliarden Jahren geschätzt, wobei die in Deutschland verbreiteten Gesteine aber meist nicht älter als rund 400 Millionen Jahre alt sind.

Bei vielen Vorhaben hat der Bauingenieur mit dem Untergrund, also den an oder nahe an der Erdoberfläche vorhandenen Locker- und Festgesteinen zu tun. Er stellt dabei fest, daß diese in der Regel nicht nur inhomogener ausgebildet sind als die ihm vertrauten Baustoffe (z.B. Stahl, Zement, Holz oder Kunststoffe), sondern daß sie darüberhinaus auch oft eine komplizierte Lagerung aufweisen. Beides erfordert beim Bauingenieur ein gewisses Verständnis für geologische Probleme und die Bereitschaft, mit Geologen zusammenzuarbeiten und sich gegebenenfalls von ihnen beraten zu lassen (vgl. Kap. 10).

Folgende Auflistung (die keinesfalls vollständig ist) nennt beispielhaft wichtige geologische Fragen bzw. Aspekte, die im Zusammenhang mit Baumaßnahmen auftreten können. Sie soll zeigen, wie vielfältig die geologischen Probleme sind, die bei Ingenieurvorhaben berücksichtigt werden müssen:

1. Welche Fest- und Lockergesteine kommen an der vorgesehenen Stelle vor? Handelt es sich dabei um mögliche Rohstoffe (z.B. Gips, Kalkstein), die nicht überbaut werden sollten?

2. Gibt es im vorgesehenen Gebiet Reste einer früheren Bergbautätigkeit oder künstlich aufgefülltes Gelände, in dem die Materialeigen-
   schaften von dem üblichen Untergrund abweichen?
3. Wie sind Mächtigkeit und Lagerungsverhältnisse der Gesteine? Welche
   Absonderungsflächen treten auf, wie ist deren Orientierung und Ausbildung? Wie ist der Verwitterungsgrad der Gesteine?
4. In welcher Tiefe treten Grundwässer auf? Werden sie genutzt? Enthalten sie betonschädliche Komponenten?
5. Sind Fest- oder Lockergesteine vorhanden, die als Schütt- oder Füll-
   material verwendet werden könnten?

Einige der genannten Punkte sind im Verlauf von Vorerkundungen zu
lösen, andere erfordern intensive Untersuchungen im Gelände und Labor.
Beide Arbeitsbereiche werden in den folgenden Kapiteln kurz besprochen.

2 Erkundung und Aufschließung des Untergrundes

2.1 Geologische Karten

Wertvolle Informationen über die Untergrundverhältnisse eines bestimmten Gebietes geben geologische Karten, die auf der Grundlage der topographischen Karten hergestellt werden. Für den Bauingenieur am wichtigsten sind Karten im Maßstab 1:25 000, (sog. geologische Spezialkarten, meist als GK 25 bezeichnet), welche dieselbe Blatteinteilung
(Namen und Nummern der Blätter) wie die topographischen Karten 1:25 000
(Meßtischblätter oder TK 25 oder 4 cm-Karten, weil 4 cm auf der Karte
1 km in der Natur entspricht) aufweisen.

Nicht alle Blätter der GK 25 der Bundesrepublik Deutschland sind
bisher erschienen. In einigen Fällen gibt es bereits überarbeitete
Blätter in der 2. oder 3. Auflage, in anderen stammen die Blätter noch
aus dem vergangenen Jahrhundert. Wo bisher keine geologischen Blätter
im Maßstab 1:25 000 existieren, können auch Übersichtskarten in kleineren Maßstäben (z.B. die geologischen Karten 1:200 000) erste Informationen liefern. Herausgegeben werden alle geologischen Karten von den
geologischen Behörden (Landesämtern) der jeweiligen Bundesländer, die
älteren Karten von deren Vorgängerinnen.

Kennzeichen aller geologischen Karten sind verschiedenfarbige Signaturen, welche die Gesteinsart (z.B. Sandstein oder Lößlehm), meist
auch deren Entstehungsart (z.B. Fluß- oder Windablagerung) und ihr
geologisches Alter (z.B. Westfal-Stufe des Oberkarbons) angeben. In
geologischen Spezialkarten sind lockere Verwitterungsschichten mit
Mächtigkeiten bis zu höchstens 2 m, in Karten mit kleinerem Maßstab,
auch solche mit noch größerer Dicke, nicht eingetragen. Die Signatur
zeigt unmittelbar deren Untergrund an. Neuerdings werden - vor allem
im nordwestdeutschen Flachland - auf den GK 25 oftmals die verschiedenen, sich überlagernden Schichten getrennt angegeben, wobei Gesteinsarten mit weniger als 20 oder 30 cm Mächtigkeit unberücksichtigt bleiben. Daraus entstehen etwas komplizierte Signaturen bzw. Symbole, die
an den Rändern der Karten erläutert sind. Die Alterseinstufung, die
für den Bauingenieur nicht so wichtig ist, steht dabei im Vordergrund:
$\frac{qw,L,f}{krc3}$ bedeutet z.B. "Quartär der Weichsel-Zeit, Lehm, fluviatil" liegt

über "Schichten der Cenoman-Stufe 3 der Kreide-Zeit". Andere Möglichkeiten, die Boden- und Untergrundverhältnisse differenziert darzustel-
len, sind die Anfertigung von zwei getrennten Karten desselben Gebietes (eine für die Deckschichten und eine für den Untergrund) oder die
von sog. Profiltypenkarten, auf denen die verschiedenen übereinander
liegenden Schichten in charakteristischen Profilfolgen angegeben werden.

Vor allem bei Felsuntergrund sind die Lagerungsformen der Schichten
wichtig, z.B. ein Sattel- oder Muldenbau oder das Vorhandensein von
Verwerfungen/Störungen. Fast alle geologischen Karten im Maßstab
1:25 000 enthalten ein oder mehrere Profile, in denen Schichtlagerung
und -abfolge in typischen Querschnitten dargestellt sind.

Bei der Benutzung von geologischen Karten ist zu bedenken, daß ihre
Aussagesicherheit teilweise nur begrenzt ist. Wegen der oft schlechten
Aufschlußverhältnisse konnten Auftreten und Verbreitung von Schichten
vielfach nur nach Auswertung von Handbohrungen oder nach Kartierung
von Lesesteinen eingetragen werden. Ungenauigkeiten oder kleine Fehler, die sich vor allem bei neu entstandenen Aufschlüssen zeigen,
können deshalb vorkommen.

Wichtig für den Bauingenieur ist der Hinweis, daß zu den GK 25 aus-
führliche Erläuterungen gehören. In diesen sind die Beschreibungen der
einzelnen Gesteinsschichten - beginnend mit den ältesten - viel ein-
gehender durchgeführt als in den Legenden der Karten. Zusätzlich enthalten die Erläuterungen Angaben, die für Fragen des Bauingenieurwesens wichtig sein können (z.B. über Bohrungen, Grundwasserverhältnisse,
nutzbare Lagerstätten usw.). Geologische Karten mit Erläuterungen sind
insgesamt sehr gut geeignet, wichtige erste Hinweise über die Untergrundverhältnisse bei geplanten Bauvorhaben zu geben. Es erstaunt immer wieder, daß diese Möglichkeit manchmal nicht ausreichend genutzt
wird. Die erschienenen geologischen Karten sind üblicherweise in geologischen Hochschulinstituten oder Landesämtern einzusehen. Soweit sie
nicht vergriffen sind, können sie auch zu mäßigen Preisen (meist weniger als DM 30.- pro Blatt mit Erläuterungen) über Buchhandlungen
bezogen werden.

Außer den geologischen Spezial- und Übersichtskarten gibt es ver-
schiedene Sonderkarten, die für das Bauingenieurwesen von besonderem
Interesse sind. Es sind dies vor allem Baugrundkarten und hydrogeo-
logische Karten. Baugrundkarten enthalten z.B. Angaben über die Art,
Lagerungsverhältnisse und Tragfähigkeit des Untergrundes sowie die
Grundwasserverhältnisse. Sie erleichtern die Wahl von Standorten für
Bauvorhaben und geben Anhaltspunkte für zweckmäßige und wirtschaftliche

Gründungsverfahren. Hydrogeologische Karten liefern z.B. Angaben über die Tiefenlage von Grundwasserstockwerken sowie über Zusammensetzung, Ergiebigkeit und Nutzungsmöglichkeiten von Grund- und Quellwässern.

Baugrundkarten und hydrogeologische Karten werden in verschiedenen Maßstäben hergestellt, sie umfassen bislang nur Teilbereiche der Bundesrepublik. Zusammenstellungen von mehreren Themenkarten eines bestimmten Gebietes (Geologie, Boden, Baugrund, Grundwasser, Lagerstätten, schutzwürdige Objekte, Planungskarten) werden auch unter dem Begriff Naturraumpotentialkarten zusammengefaßt. Vielfach werden die entsprechenden Daten bei den zuständigen geologischen Landesämtern in EDV-Anlagen gespeichert und fortlaufend ergänzt; die entsprechenden Karten können bei Bedarf ausgedruckt werden.

2.2 Sondierstangen und Handbohrer

Zur Untersuchung der Gesteinsarten in Lockermaterial oder zur Feststellung, wie mächtig und in welcher Zusammensetzung Abraum über Felsgesteinen ausgebildet ist, werden einfache Sondierungen und Handbohrungen durchgeführt. Ihre Eindringtiefe beträgt selten über 10 m, meist weniger. Die Bodenproben, die damit gewonnen werden, sind mehr oder minder gestört. Man unterscheidet folgende Geräte bzw. Verfahren:

Pürckhauer-Handbohrer: Eine Stahlstange von 1 m Länge mit einer Längskerbe. Die Stange wird mit einem Spezialhammer (großer Kopf aus Kunststoff, Stiel aus Kunststoff oder Leichtmetall) in den Boden geschlagen und vor dem Herausziehen mehrfach gedreht.

Linnemann-Peilstangenbohrer: Gekerbte Stahlstange wie vorher, die mit Hilfe eines Gewindes um eine oder mehrere runde Stahlstangen von jeweils 1 m Länge verlängert werden kann (Abb. 2.1). Vor jeder Verlängerung des Bohrgestänges wird dieses gezogen, notfalls unter Benutzung eines Hebegerätes. Zur Erleichterung des Einschlagens der Peilstangenbohrer kann ein Benzinmotor verwendet werden, der auf die oberste Stange aufgesetzt wird (z.B. Wacker-Hammer).

Rammsonden: Verlängerbare Stahlstangen, die mit einem Schlaggewicht, das aus konstanter Höhe fällt, in den Boden getrieben werden. Hierbei entnimmt man keine Bodenproben, sondern registriert die Eindringtiefe in Beziehung zur Schlagzahl. Daraus können Angaben über Festigkeit und Art der Bodenschichten gewonnen werden. Wenn diese aus Bohrungen oder benachbarten Baugruben bekannt sind, ist ihr Verlauf durch Rammsondierungen oft ausreichend genau zu verfolgen.

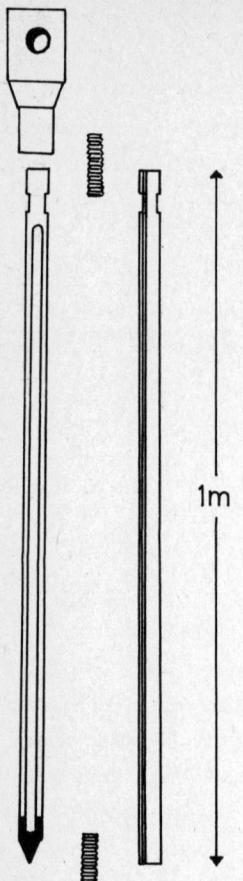

Abb. 2.1. Peilstangenbohrer nach LINNEMANN mit Schlagkopf,
Zwischengewinden und Verlängerungsstück

1m

2.3 Schürfe

Immer dann, wenn die Lagerungsverhältnisse der Gesteine im Untergrund
eingehend untersucht oder ungestörte Bodenproben (z.B. für bodenmechanische Untersuchungen) entnommen werden müssen, ist die Anlage von
Schürfen (Gruben oder Gräben) erforderlich. Deren Größe und Tiefe
richten sich nach der jeweiligen Fragestellung. Die Anlage von Schürfen kann relativ teuer werden, wenn Abstützungen und Maßnahmen zur
Wasserhaltung (Abpumpen von Grundwasser) erforderlich sind.

2.4 Hammerschlag-Seismik

Aufschlüsse über Art und Mächtigkeit der Schichten im Untergrund können
auch mit seismischen Verfahren gewonnen werden. Hierbei erzeugt man

Schallwellen und mißt deren Ausbreitungsgeschwindigkeit bzw. deren Re-
flektion an Schichtgrenzen.

Für Fragen des Bauingenieurwesens kommt vor allem die sog. Hammer-
schlag-Seismik, manchmal auch als Kleinseismik bezeichnet, infrage.
Die Schallwellen werden durch Schlag mit einem schweren Hammer oder
durch Fallenlassen eines größeren Gewichtes auf eine Metallplatte erzeugt.

Die Eindringtiefe der kleinseismischen Verfahren beträgt wenige
Meter, günstigenfalls bis etwa 20 - 40 m. Das Verfahren ist z.B. geeignet, um die Abraummächtigkeit über Felsgestein, den Verlauf von
bedeutenden Verwerfungen oder die Festigkeit des Felsgesteines selbst
(ob es gesprengt werden muß oder gerissen werden kann) zu ermitteln.
In jedem Fall ist es wichtig, die kleinseismischen Daten zu eichen,
d.h. durch Bohrungen, Schürfe oder am Rand von Baugruben/Steinbrüchen
festzustellen, welche Gesteinsarten zu den jeweiligen Ausbreitungs-
werten der Schallwellen gehören.

2.5 Geoelektrik

Von den geoelektrischen Verfahren, die in der Tiefbohrtechnik eine
herausragende Bedeutung haben, ist die Messung der Leitfähigkeit geeignet, um Kenntnisse über die Zusammensetzung des Untergrundes zu erhalten. Die elektrische Leitfähigkeit wird in erste Linie durch den
Wassergehalt der verschiedenen Schichten bestimmt. In Tonen und Mergeln mit ihren zahlreichen kleinen Poren ist dieser beispielsweise
meist höher und damit der elektrische Widerstand niedriger als in Sanden und Kiesen.

Ebenso wie bei den seismischen Verfahren ist es unbedingt erforderlich, die Widerstandswerte an freiliegenden Schichtfolgen zu überprü-
fen, um die Gesteinsschichten richtig anzusprechen. Wenn man nur den
Widerstandswerten vertraut, können grobe Fehler entstehen: z.B. in der
Art, daß mächtige Kieslagen angenommen werden, es sich tatsächlich
aber nur um wenig Kies über stark zerklüfteten Felsuntergrund, welcher
die gleichen Widerstandswerte wie Kies aufweist, handelt.

2.6 Maschinenbohrungen

Für tiefreichende Erkundungen in Lockergesteinen und noch mehr in Festgesteinen sind Maschinenbohrungen erforderlich. Bauprinzip und Größe

der Geräte können sehr verschieden sein: so gibt es Schappen- oder Löffelbohrer, die an einem Seilzug fallen gelassen werden, und Drehbohrer.

Beim sog. Rotary-Drehbohr-Verfahren wird der Bohrmeißel mitsamt dem Gestänge gedreht, beim Turbinen-Verfahren dreht sich nur der Bohrmeißel. Tiefere Bohrungen müssen mit Spülung erfolgen, die den Meißel kühlt und das Bohrklein an die Oberfläche transportiert. Bei normalen Bohrungen steht für geologische Auswertungen nur das Bohrgut in Form von Gesteinsschrot oder Lockermaterial zur Verfügung. Seine Untersuchung läßt nicht immer Zusammensetzung und Mächtigkeit der durchbohrten Schichten eindeutig erkennen. Beim Schneckenbohren in Sanden und Kiesen kann das Bohrgut nur etwa bis auf 1/2 m genau der wahren Tiefe zugeordnet werden. Wesentlich besser, allerdings auch viel aufwendiger, ist das Kernbohren, bei dem die Gesteine des Untergrundes möglichst unversehrt, d.h. ohne Kernverlust gewonnen werden sollen. Dieser ist umso größer, je mürber und stärker zerklüftet die Gesteine des Untergrundes sind. Manchmal sind Kerngewinne von nur 30% der durchbohrten Schichten oder weniger möglich, solche von über 90% werden in der Regel selten erreicht.

Wichtig ist ein sorgfältiges Einbringen der Bohrkerne in die Kernkisten, damit später einwandfreie geologische Untersuchungen möglich sind. Auf folgende Punkte muß besonders geachtet werden:

a) Kennzeichnung der Bohrkerne durch einen Längsstrich und Pfeile, die nach unten zeigen (Abb. 2.2). Dadurch wird es möglich, Kernstücke richtig aneinander zu setzen und nach oben-unten zu orientieren.

b) Ausreichende Beschriftung der Bohrkisten, d.h. vor allem Angaben der Bohrtiefen, damit das Ausmaß des Kernverlustes ermittelt werden kann.

c) Besondere Beschriftung von sog. Nachfall, sofern er beim Herausnehmen der Bohrkerne aus den Kernrohren als solcher erkannt wird. Derartige Stücke dürfen weder weggeworfen noch irgendwo in die Kernkisten gelegt werden, etwa nach dem Motto: Mal sehen, ob der Geologe sie erkennt!

Trotz meist guter Ausbildung und Schulung der verantwortlichen Bohrmeister sollten Schichtbeschreibungen von Bohrungen nicht ihnen überlassen bleiben, sondern von geologischer Seite durchgeführt oder zumindest überarbeitet werden. Es kommt immer wieder vor, daß Bohrmeister-Angaben ungewöhnliche oder unklare Bezeichnungen (z.B. "Knirsch" oder "Niet") enthalten, die sich später nicht mehr in übliche Gesteinsnamen

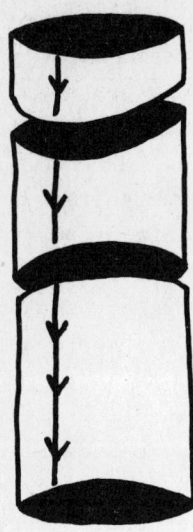

Abb. 2.2. Richtige Kennzeichnung eines Bohrkerns mit fortlaufen-
dem Längsstrich und nach unten gerichteten Pfeilen

übersetzen lassen. Dadurch kann eine aufwendige Bohrung weitgehend
entwertet werden.

Bohrungen in Festgesteinen sollten nicht parallel, sondern möglichst
senkrecht zu den im Gestein vorhandenen Hauptabsonderungsflächen
(Schichtflächen, Schieferungsflächen, teilweise auch Kluftrichtungen;
vgl. Kap. 4.2) angesetzt werden, weil sich sonst leicht das Gestänge
verklemmen kann (Abb. 2.3). Ab etwa 50 - 100 m Bohrtiefe sollten die
Bohrungen durch Lotungen auf mögliche Abweichungen überprüft werden.
Üblicherweise stellen sich diese etwa senkrecht auf die Einfallsrichtung der Schichtung oder Schieferung ein (Abb. 2.3). Wenn also eine
Abweichung in Nordwest-Richtung ermittelt wird, kann angenommen werden, daß die Flächen der Schichtung oder Schieferung nach Südosten ein-

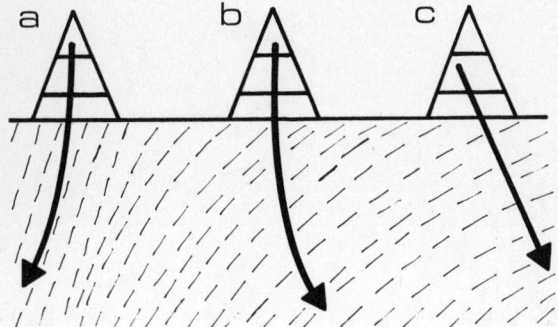

Abb. 2.3a-c. Berücksichtigung der Hauptabsonderungsflächen (Schichtung oder Schieferung) beim Ansatz von Bohrungen. (a) Parallel zu den Hauptabsonderungsflächen angesetzte Bohrungen neigen dazu, sich festzuklemmen. (b) Spitzwinklig zu den Hauptabsonderungsflächen angesetzte Bohrungen stellen sich in einiger Tiefe senkrecht zu
diesen ein. (c) Rechtwinklig zu den Hauptabsonderungsflächen angesetzte Bohrungen
verbleiben in der ursprünglichen Richtung

fallen. Vor allem bei tieferen Bohrungen werden zusätzlich geophysi-
kalische Messungen am Bohrloch (z.B. des elektrischen Widerstandes
oder der Strahlungsaktivität) durchgeführt, um bessere Kenntnis von
den durchbohrten Schichten zu erhalten (etwa über die Porosität oder
den Tongehalt).

In unbekannten Gebieten werden Bohrpunkte zweckmäßigerweise raster-
artig angesetzt oder überall dort, wo Veränderungen der Untergrundverhältnisse zu erwarten sind. Hierbei kann die Beobachtung der Vegetation bzw. ihres Frischezustandes, der einen Wechsel in der Durchfeuchtung und damit in den Gesteinen anzeigt, hilfreich sein. Besonders auf
Luftbildern sind solche Unterschiede oft gut zu erkennen. Auch ein
enges Netz von Bohrpunkten garantiert nicht, daß alle Besonderheiten
des Untergrundes erfaßt werden. So kann es z.B. vorkommen, daß bei
Kalksteinen um Karstlöcher herumgebohrt wird. Solche Schwierigkeiten
lassen sich meist vermeiden, wenn Bohrungen mit den obengenannten geo-
physikalischen Untersuchungen (Seismik, Geoelektrik) kombiniert werden.

Wichtig ist vor allem die Auswahl der richtigen, für den jeweiligen
Gesteinsuntergrund geeigneten Bohrgeräte. Hierbei machen sich manchmal unklare oder unvollständige Gesteinsbezeichnungen in Ausschrei-
bungen ungünstig bemerkbar (z.B. kann nicht angegeben worden sein,
daß in mächtigen lehmigen Deckschichten einzelne größere Gesteinsbrocken vorhanden sind, die ein Arbeiten mit kleineren Schneckenboh-
rern unmöglich machen). Zur Vermeidung von Fehlinvestitionen oder
späteren Regreßansprüchen empfiehlt es sich deshalb, vor dem Beginn
von größeren Bohrprogrammen die Untergrundverhältnisse des betreffen-
den Gebietes gründlich vorzuerkunden.

3 Lockergesteine als Baugrund

3.1 Die Bezeichnungen "Lockergestein" und "Boden"

Von Geologen wird die Bezeichnung "Lockergesteine" als Gegensatz zu
"Festgestein" (Fels) benutzt. Bauingenieure, insbesondere Bodenmecha-
niker, nennen dagegen den meist aus Lockergesteinen bestehenden Untergrund insgesamt "Boden". Dieser Begriff wird im vorliegenden Text nicht
verwendet, weil Geologen ebenso wie Bodenkundler und Landwirte unter
Boden nur die zuoberst liegende Zone verstehen, in der durch biologi-
sche und chemische Prozesse eine deutliche Veränderung gegenüber den
Gesteinen des eigentlichen Untergrundes eingetreten ist. Böden im geologischen Sinne sind in Deutschland meist nur einige Dezimeter mächtig,
in den Tropen können es mehrere Zehner von Metern sein.

3.2 Einteilung der Lockergesteine nach der Korngröße

Die Lockergesteine werden nach der Korngröße der Partikel, die an ihrer
Zusammensetzung beteiligt sind, unterteilt. Dabei wechseln die zugrunde-
gelegten Korngrenzen von Fach zu Fach (z.B. gelten für Liefergemische
im Straßenbau andere als für Zuschläge im Stahlbetonbau) und von Land
zu Land. Von Geologen wird üblicherweise eine Korngrößeneinteilung
nach DIN 4022 und 4220 oder nach DIN 4188 (Werte in Klammern) benutzt:

	Korndurchmesser
Steine	> 60 (63) mm
Kies	2 - 60 (63) mm
Sand	0.06 (0.063) - 2 mm
Schluff	0.002 - 0.06 (0.063) mm
Ton	< 0.002 mm (= 2 μ)

Diese Kornklassen bzw. Korngruppen können noch durch die Zusätze
Fein-, Mittel- und Grob- unterteilt werden (z.B. Grobsand). Namengebend
ist in der Regel die Kornklasse, in die 50 oder mehr Gewichtsprozent
des Lockergesteins fallen. Die übrigen Anteile können nach DIN 4023
durch ergänzende Adjektive bezeichnet werden. Ein Lockergestein aus

60 Gew.% Kies, 10 Gew.% Sand und 30 Gew.% Schluff wäre demnach ein "schwach sandiger, schluffiger Kies". Erreicht keine Korngruppe 50 Gewichtsprozent, kann man einen definierten Namen verwenden oder beide Hauptkomponenten angeben. Ein Korngemenge aus 40 Gew.% Sand, 40 Gew.% Schluff und 20 Gew.% Ton heißt beispielsweise "toniger Schluff und Sand" oder "toniger Lehm" (Abb. 3.1).

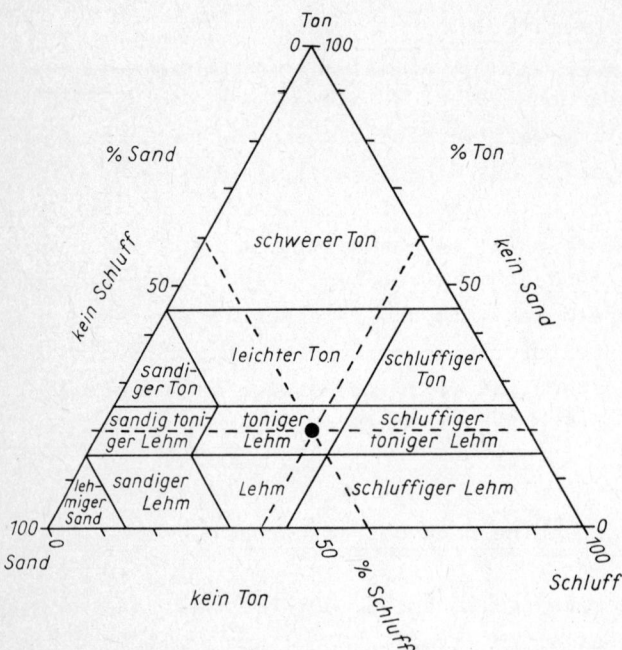

Abb. 3.1. Dreiecksdiagramm für das Drei-Komponenten-System Sand/Schluff/Ton mit den üblichen Benennungen für die einzelnen Mischungsglieder. Der Kreis bezeichnet das in Kap. 2.1 beschriebene Lockergestein aus 40 Gew.% Sand, 40 Gew.% Schluff und 20 Gew.% Ton

Während mit bloßem Auge Kies- und Sand-Anteile in Lockergesteinen leicht zu erkennen sind, ist die Unterscheidung zwischen Schluff und Ton ohne Laboruntersuchungen meist nicht möglich. Sie ist jedoch nicht nur für eine richtige Benennung der Proben wichtig, sondern vor allem im Hinblick auf die verschiedenen baugrundgeologischen Eigenschaften dieser beiden Lockergesteinsarten (vgl. Kap. 3.5) nötig. Schon früh sind deshalb von Geologen einfache Feldmethoden entwickelt worden, die bei der Entscheidung zwischen Schluff und Ton helfen können. Diese Methoden werden vielfach belächelt, sind aber auch heute noch aktuell: Bei der Fingerprobe wird das trockene Material zwischen den Fingern gerieben, wonach in den Fingerrillen bei Ton ein glatter, sich fettig anfühlender, bei Schluff dagegen ein leicht rauher Belag (Glimmer- oder Quarz-Körner) hängen bleibt. Bei der Schüttelprobe wird eine Kugel aus durchfeuchteten Sedimentmaterial in oder auf der Hand geschüttelt: Bei Schluff bekommt die Kugel eine glänzende Oberfläche, weil Wasser aus-

tritt, bei Ton bleibt sie trocken, weil das Wasser im Inneren der Kugel kapillar festgehalten wird. Die Beißprobe erfordert ein vorsich-
tiges Beißen auf das Lockermaterial: Im Fall von Ton ist der Biß glatt,
im Fall von Schluff kann es leicht knirschen (Körner von Quarz und
Feldspat).

3.3 Arten der Lockergesteine

Die meisten Lockergesteine sind als Mischungen aus jeweils drei Komponenten anzusehen. Man unterscheidet das System Kalk-Sand-Ton und das
System Sand-Schluff-Ton. Die Zusammensetzung der Mischungen werden in
Dreiecksdiagrammen angegeben, bei denen jeder Ecke Anteile von 100%
und der gegenüberliegenden Seite Anteile von 0% einer Komponente entsprechen. Abb. 3.1 zeigt das Dreieck Sand-Schluff-Ton und die üblicherweise für die einzelnen Mischungsglieder verwendeten Bezeichnungen.

Häufig auftretende Lockergesteine und Ihre Besonderheiten sind folgende:

Lehm: Toniger Sand, der meist gelblich gefärbt ist, weil die einzelnen
Sandkörner mit dünnen Häutchen von bräunlichen Eisenhydroxiden über-
zogen sind.

Mergel: Lehm mit deutlichem Kalkgehalt, besonders in Norddeutschland
meist als Geschiebemergel ausgebildet, d.h. mit größeren oder kleineren
Gesteinsbrocken (Geschieben) durchsetzt. Die Geschiebe sind während
der Vereisung in der Quartärzeit durch Inlandeismassen oder Gletscher
(von Skandinavien) nach Nordwestdeutschland oder aus den Alpen in das
Alpenvorland herantransportiert worden. Werden Geschiebemergel oder
daraus bei Verwitterung entstandene Geschiebelehme abgetragen, bleiben
die größeren Geschiebe als Findlinge liegen.

Löß: Ein Schluff, der in Mitteleuropa während des eiszeitlichen kalten
Klimas aus vegetationsarmen Tälern und Schotterebenen angeweht wurde.
Löß findet sich vor allem an den Westseiten der Täler bzw. Osthängen
der Berge, weil er vor allem von westlichen Winden abtransportiert,
im Windschatten der Talflanken abgelagert und dort später nicht wieder -
wie es an den Luvseiten (Ost-Seiten) der Täler der Fall war - wieder
abgetragen wurde (Abb. 3.2). Frischer Löß ist häufig kalkig, bei Verwitterung wird er entkalkt und geht in Lößlehm über. Der herausgelöste
Kalk scheidet sich in Form von unregelmäßigen Knollen (Konkretionen,
in der Gesteinskunde übliche Bezeichnung für Mineralaggregate, die sich
innerhalb von Locker- und Festgesteinen gebildet haben), welche Löß-

W

Hauptwindrichtung

E

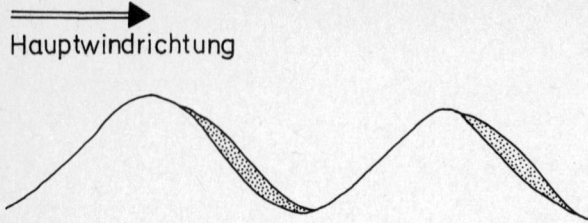

Abb. 3.2. Vorkommen von wind-abgelagertem Löß hauptsäch-lich an den West-Seiten der Täler (Ost-Hängen)

kindel oder Lößpuppen genannt werden, meist in tieferen Teilen der Lößschichten wieder ab.

Bedingt durch den Windtransport setzt sich Löß aus nahezu gleich-großen Körnchen zusammen (Durchmesser meist zwischen 0.01 und 0.05 mm). Das bewirkt eine Art loser Kugelpackung und ein Porenvolumen bis zu 40-50 Vol.%, dadurch eine große Durchlässigkeit für Luft und vor allem für Wasser. Diese hat eine hohe Standfestigkeit zur Folge. In Lößge-bieten gibt es deshalb verbreitet Täler und Hohlwege mit relativ stei-len Flanken.

In Deutschland erreichen die Lößschichten örtlich Mächtigkeiten von mehr als 5 Metern (z.B. am Kaiserstuhl am Westrand des Schwarzwaldes). Nördlich der Mittelgebirge, d.h. im norddeutschen Flachland, gibt es kaum Löß, dafür aber einen etwas grobkörnigeren sog. Sandlöß. Dieser ist in Niedersachsen und im Hamburger Gebiet (wo er auch als Flottsand bezeichnet wird) verbreitet, seine Mächtigkeit überschreitet selten 1 m.

Kies, Sand und Ton kommen hauptsächlich in Flußtälern vor, in Nord-deutschland und im Alpenvorland auch in Bereichen, in denen während der Vereisungen Schmelzwässer abgeflossen sind.

Bei Schlick handelt es sich um ein tonig-schluffiges Lockergestein, das stark wasserhaltig und reich an organischen Resten ist. Es bildet sich in Talauen, Altwässern und verlandenden Seen. An der Nordseeküste kommt in den Marschgebieten der ähnlich ausgebildete Klei vor. Schlick und Klei sind wenig tragfähig und neigen stark zu Setzungen, sie sind deshalb als Baugrund nur wenig geeignet. Bei Aushubarbeiten kommt es leicht zum Abrutschen oder Einsinken von Maschinen.

Torf ist die typische Bildung der Moorgebiete, er besteht überwie-gend aus Resten von Torfmoosen. Torfe sind vor allem in den ehemaligen Vereisungsgebieten des norddeutschen Flachlandes und des Voralpenge-bietes verbreitet, daneben aber auch in abflußlosen Hochlagen der Mit-telgebirge (z.B. Rhön). Für Gründungen von Bauwerken ist Torf in der Regel ungeeignet. Müssen solche in Moorgebieten erfolgen, wird der Torf bis auf den tragfähigen Untergrund ausgehoben (ausgekoffert) oder durch Sprengungen, bei denen man Sand und Kies nachrutschen läßt, ent-

fernt (sog. Moorsprengungen). Probleme entstehen vielfach dadurch, daß
Torflagen von Sanden zugedeckt sein können und dann auf geologischen
Karten nicht verzeichnet sind oder bei Vorerkundungen nicht erkannt
wurden. In jedem Fall sollten alte Flurnamen, die auf Torf, Moor oder
ähnliches hinweisen, sorgfältig beachtet und in Zweifelsfällen gezielte
Untersuchungen durchgeführt werden (Kleinseismik, Abbohren; vgl. Kap.
2.4 und 2.6).

3.4 Zusammensetzung und Gefüge von Lockergesteinen und deren Untersuchung

3.4.1 Korngrößenverteilung

Die Feststellung der Korngrößenverteilung von Lockergesteinen erfolgt
bei genügend grobkörnigem Material (Korngrößen mehr als 0.06 mm) meist
durch Trockensiebung. Benutzt werden Rundloch- oder Maschensiebe nach
DIN 4187 und 4188. Material feiner als 0.06 mm, also Schluffe und Tone,
trennt man durch Schlämmen in Korngrößenfraktionen. Hierbei wird das
Lockermaterial in Wasser oder anderen Flüssigkeiten aufgerührt und die
Zeit ermittelt, in denen sich die Partikel absetzen. Deren Sinkge-
schwindigkeit ist den jeweiligen Korngrößen äquivalent, d.h. die Fall-
zeiten sind umso länger, je kleiner die Partikel sind.

Für die Darstellung der ermittelten Korngrößenzusammensetzung gibt
es verschiedene Möglichkeiten, am häufigsten wird eine sog. Summenkurve
gezeichnet. Sie ermöglicht die Angabe verschiedener Kennwerte, z.B. der
Ungleichförmigkeitsziffer (U), die zeigt, ob das Lockersediment gut
oder schlecht klassiert ist.

$$U = \frac{d\ 60}{d\ 10} \quad \text{(bei manchen Autoren auch } \frac{d\ 80}{d\ 30}\text{)}$$

Zugrundegelegt werden die Korndurchmesser, welche sich aus der Summenkurve in den Schnittpunkten mit den Werten 60 und 10 (bzw. 80 und
30) Prozent ablesen lassen (Abb. 3.3). Ungleichförmigkeitsziffern von
unter 5 geben eine gleichförmige, solche von über 5 eine ungleichför-
mige Korngrößenverteilung bzw. eine gute oder schlechte Klassierung an.

Die ingenieurgeologische Bedeutung der Ungleichförmigkeitsziffer
zeigt sich an folgenden Beziehungen: Lockergesteine lassen sich nur
dann gut verdichten, wenn sie U > 15 besitzen; bei abgestuften Beton-
zuschlägen (Sande, Kiese) wird der Idealwert U = 36 angestrebt.

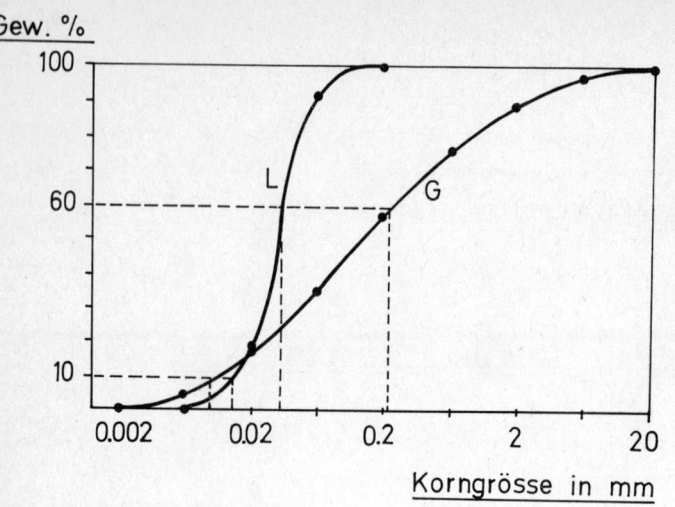

Abb. 3.3. Korngrößenzusammensetzung von Lockergesteinen, dargestellt in Form von Summenkurven (Teilung der Abszisse logarithmisch):
L = gut klassierter Löß,

$$U = \frac{0.035}{0.015} = 2.7$$

G = schlecht klassierter Geschiebelehm,

$$U = \frac{0.21}{0.009} = 23$$

3.4.2 Kornform, Porenvolumen und Wassergehalt

Die Untersuchung von Lockergesteinen muß sich auch auf Gefügeeigenschaften, wie z.B. die Kornform erstrecken. Ein Sand aus eckigen Körnern hat eine höhere innere Reibung und damit eine bessere Standfestigkeit (Scherfestigkeit) als einer mit runden Körnern. Wenn die Form der Einzelkörner direkt ermittelt werden soll, geschieht das meist unter dem Mikroskop mit Hilfe von Vergleichsbildern.

Korngrößenverteilung und Kornformen von Lockersedimentgesteinen beeinflussen das Porenvolumen. Es wird wie folgt definiert:

$$\text{Porenvolumen} = \frac{\text{Poreninhalt}}{\text{Rauminhalt}}$$

Folgende Werte der Porenvolumina sind bei Lockergesteinen üblich:

ungleichkörniger, "scharfer" Sand	< 0.3
gleichkörniger Sand	0.3 - 0.5
lockerer Ton	bis 0.9

In Lockergesteinen enthalten die Poren oft Wasser, teilweise sind sie sogar völlig mit Wasser gefüllt (gesättigt). Bei Belastungen entsteht ein beachtlicher Porenwasserdruck, der eine Zerstörung des Gesteinsgefüges bewirken kann (vgl. Kap. 3.5). Jedes Lockermaterial hat entsprechend seinem Porenvolumen und der Wassersättigung eine unterschiedliche Dichte. Wenn sie am höchsten ist, weist das Sediment seine größte Standfestigkeit oder Belastbarkeit auf. Dieser Wert, also der optimale Wassergehalt bzw. die größte Dichte, wird im sog. Proctor-Versuch ermittelt. Dabei werden Proben des Lockergesteins mit jeweils

unterschiedlichen Wassergehalten in einen Behälter gestampft und dann
ihre Dichte festgestellt. Die optimalen Wassergehalte für typische
Lockergesteine, die nicht besonders verdichtet worden sind, liegen in
etwa folgenden Bereichen:

Lehm	12 - 14 Vol.%
Schluff	13 - 17 Vol.%
Lößlehm	17 - 21 Vol.%
Ton	20 - 40 Vol.%

3.4.3 Mineralzusammensetzung

Lockergesteine mit Korngrößen über 0.02 mm (20 µ), also Kiese, Sande
und Grobschluffe, werden als <u>nichtbindiges</u>, solche mit Korngröße unter
0.02 mm (Feinschluffe und Tone) als <u>bindiges</u> Material zusammengefaßt.
Grund für diese Bezeichnung sind typische Unterschiede in den Eigenschaften zwischen beiden Gesteinsgruppen, welche durch ihre Zusammensetzung bedingt sind (Abb. 3.4):

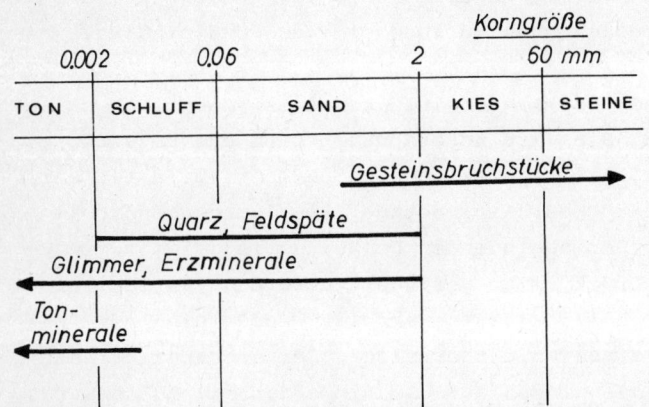

Abb. 3.4. Mineralogische
Zusammensetzung von Lockergesteinen in Abhängigkeit
von ihren Korngrößen

Kiese bestehen überwiegend aus Bruchstücken bzw. Geröllen verschie-
denartiger Gesteine; Sande und Grobschluffe dagegen aus Einzelmineralen.
Dabei ist am häufigsten Quarz (SiO_2) vertreten, daneben Feldspäte (Alu-
miniumsilikate mit K, Na oder Ca) und blättchenförmige Glimmer (hell:
meist Muskovit, dunkel: meist Biotit). Alle genannten Minerale sind
ebenso wie die Gesteinsgerölle in den Kiesen relativ fest und hart.
In den bindigen Lockergesteinen (Feinschluffe und Tone) herrschen
dagegen <u>Tonminerale</u> vor. Hierunter werden relativ weiche, schichtig auf-
gebaute Minerale zusammengefaßt, welche das bindige oder plastische Verhalten der feinkörnig-tonigen Lockergesteine verursachen. Häufig vorkommende Tonminerale sind Illit, Kaolinit und auch Montmorillonit. Das

letztgenannte Mineral hat die Eigenschaft, ein Vielfaches seines Volumens an Wasser aufnehmen zu können. Je nach Grad der Durchfeuchtung zeigt es starke Quellung oder Schrumpfung. Dieses Verhalten macht man sich für verschiedene technische Zwecke zunutze (Verwendung z.B. als Zusatz zu Spülflüssigkeiten bei Tiefbohrungen oder in Zementlösungen bei Verpreßbohrungen). Montmorillonit-Tone, auch als Bentonit bezeichnet, sind deshalb ein gesuchter Rohstoff.

Die Untersuchung der Mineralarten in Lockergesteinen erfolgt durch Geologen und Mineralogen mit der Lupe, dem Mikroskop oder gegebenenfalls mit anderen, aufwendigen Geräten (z.B. Röntgen-Diffraktometer).

3.5 Bodenmechanische Eigenschaften von Lockergesteinen und deren Untersuchung

Die spezielle Untersuchung der verschiedenen bautechnisch wichtigen Eigenschaften von Lockergesteinen ist Angelegenheit der Bodenmechanik. Im folgenden wird auf die damit zusammenhängenden Fragen nur insoweit eingegangen, als enge Beziehungen zur Geologie und Gesteinskunde bestehen.

Vor allem bei bindigen Lockergesteinen kommt es wesentlich auf deren Zusammendrückbarkeit an. Sie wird untersucht, indem die ungestörte Materialprobe in einen Stahlzylinder gegeben und dort belastet wird. Das Ausmaß der Zusammendrückbarkeit (Setzung) ist umso größer, je lockerer die Probe war. Bei beginnender Belastung ist sie am größten, um dann bei steigendem Druck immer geringer zu werden (Verlauf der Belastungskurve gebogen). Bei Entlastung erfolgt wieder eine Ausdehnung, welche die Ausgangswerte aber nicht erreicht. Bei erneuter Belastung geht die Verdichtungslinie wieder auf die Linie der ersten Belastung zurück, als ob diese weitergeführt würde. Dieses Zurückgehen erfolgt gleichmäßig, d.h. in gerader Linie (Abb. 3.5). An Hand der Belastungskurve läßt sich also feststellen, ob das Lockermaterial erstmalig belastet wird oder schon einmal vorbelastet war. Letzteres ist in Norddeutschland oft der Fall, die Vorbelastung wurde hier durch das Inlandeis bewirkt. Dessen Dicke hat im Raum Hannover - Braunschweig etwa 200 - 300 m betragen, um in Schleswig-Holstein auf etwa 1000 m, in Skandinavien sogar bis 3000 m anzusteigen.

Wassergesättigte bindige Lockergesteine lassen sich kaum zusammendrücken. Der steigende Porenwasserdruck kann zur Zerstörung des Korngerüstes führen; es kommt dann zu Fließ- oder Rutscherscheinungen.

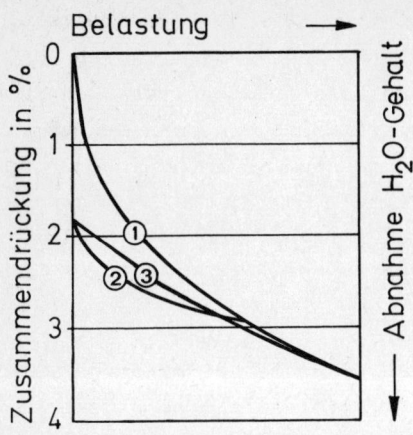

Abb. 3.5. Zusammendrückbarkeit von tonigem Lockergestein bei erstmaliger Belastung (1), nachfolgender Ausdehnung (2) und erneuter Belastung (3)

Eine andere wichtige Eigenschaft von Lockergesteinen ist deren Scherfestigkeit, die zur Berechnung der Tragfähigkeit, Standsicherheit von Böschungen o.ä. ermittelt werden muß. Die Scherfestigkeit wird mit Schergeräten gemessen, in denen die ungestörte Probe unter Belastung abgeschert wird.

Die Bedeutung der unterschiedlichen Scherfestigkeit zeigt sich am besten bei Sanden: trocken oder wassergesättigt haben sie eine geringe, durchfeuchtet eine große Scherfestigkeit, weil die einzelnen Sandkörner durch kapillare Kräfte zusammengehalten werden. Ein feuchter Sand (z.B. an einem Strand) ist deshalb meist gut mit Kraftfahrzeugen zu befahren oder sogar als Flugpiste zu benutzen. Je nach Bildungsbedingungen können ähnliche Gesteine sehr verschiedene Scherfestigkeiten aufweisen (z.B. Unterschiede zwischen im Meer und auf dem Festland gebildeten Tonen) so daß jedes Lockergestein für sich untersucht werden muß.

Die Durchlässigkeit von Lockergesteinen ist ebenfalls von Bedeutung. Ist sie gering, kann einströmendes Grund- oder Sickerwasser einen Strömungsdruck erzeugen, der das Korngerüst aufhebt und einen hydraulischen Grundbruch verursacht. In dieser Art gefährdet sind auschließlich Feinsande und Schluffe, die durch geringe Durchlässigkeit und geringe Haftfestigkeit der Körner untereinander gekennzeichnet sind. Kiese und Grobsande haben dagegen eine größere Durchlässigkeit, Tone eine größere Haftfestigkeit.

Mobile Feinsande und Schluffe werden auch als Treib- oder Schwimmsande bezeichnte. Sie sind nur dann einigermaßen zu verfestigen, wenn es gelingt, das einsickernde oder einströmende Wasser durch Mauern oder Abdichtungen fernzuhalten.

3.6 Baugrunduntersuchungen und -verbesserungen in Lockergesteinen

Geringfügige Senkungen von Bauwerken sind meist unschädlich, wenn sie einigermaßen gleichmäßig erfolgen. Schwierig wird es, wenn Senkungen in ungeordnet verlaufenden Sackungen übergehen, die nicht mehr zu berechnen sind.

Folgende Ursachen kommen für Setzungen infrage, wobei in vielen Fällen geologische Besonderheiten eine Rolle spielen:

a) <u>Ungleichmäßiger Untergrund</u>

Gelegentlich werden Bauwerke so errichtet, daß sie auf einem geologisch nicht einheitlichen Untergrund stehen. Beispiel soll eine Brücke sein, deren eine Seite auf festem Fels und die andere auf Lockergestein gegründet ist. Die in diesem Fall zu erwartenden Setzungen sollten berechnet, gegebenenfalls das Bauwerk in Abschnitte zerlegt werden, die diese Setzungen auffangen könnten. Bei Gebäuden wählt man vielfach eine Konstruktion, die Setzungen unwirksam werden läßt (z.B. Bodenplatte). Wie die Praxis zeigt, gelingt die Vermeidung von Setzungsschäden nicht in allen Fällen, weil oft die geologisch bedingten Inhomogenitäten des Untergrundes unterschätzt werden.

b) <u>Volumenveränderung von bindigen Lockergesteinen</u>

Tonige und Torf-haltige Lockergesteine zeigen vielfach deutliche Volumenveränderungen bei unterschiedlicher Durchfeuchtung. Lange Trockenperioden lassen derartiges Material als festen Baugrund erscheinen, starke Durchfeuchtung zeigt es in aufgequollenem Zustand. In beiden Fällen sollte - falls das gefährdete Lockergestein nicht entfernt oder umbaut werden kann - bei Baumaßnahmen dieser Extremzustand berücksichtigt werden, damit nicht bei Normalisierung der Niederschlags- und Grundwasserverhältnisse und entsprechender Volumenanpassung der fraglichen Lockergesteine Bauschäden auftreten. Diese äußern sich z.B. in der Zerstörung von Kellern.

c) <u>Aufgeschüttetes Gelände</u>

Zugeschüttete Sandgruben, Steinbrüche, Tagebaue oder mehr noch Müllkippen sind als Baugrund sehr problematisch, weil in der Regel keine Unterlagen darüber vorliegen, welches Material zur Verfüllung benutzt wurde. Zumeist ist es sehr inhomogen, so daß auch gründliche Sondierungen nur eine ungefähre Beurteilung ermöglichen. Auch von geologischer Seite kann in solchen Fällen keine Auskunft erwartet werden. Oft hilft nur ein "Probieren", wie z.B. vor einigen Jahren bei Durchqueren der ehemaligen Braunkohletagebaue bei Frechen nahe Köln durch eine Auto-

bahnstrecke gezeigt wurde. Hier hat man abgewartet, wie sich Brücken-
fundamente verhalten würden; aufgetretene Setzungen und Neigungen wurden dann nachträglich ausgebessert.

d) Bergbaugebiete

Wo Bergbau, besonders Tiefbau, betrieben wurde und wird, sind später
Bergschäden durch Setzungen oder Einbrüche möglich. Dieses gilt für
Lockergesteine und Festgesteine. Bergschäden treten vor allem dort auf,
wo Unterlagen über die frühere Abbautätigkeit fehlen oder unvollständig
sind. Zuständig sind in erste Linie die jeweiligen Bergämter. In ausge-
sprochenen Bergbaugebieten (z.B. Ruhrgebiet) gelten spezielle Richtlinien für die Bautätigkeit.

e) Errichtung von Nachbargebäuden

Wenn neben auf Lockergestein errichteten Gebäuden zusätzlich weitere
schwere Bauwerke errichtet werden, kann es zu Bauschäden in den Erst-
gebäuden kommen, weil die Tragfähigkeit des Untergrundes überschritten
wird. Typisch sind die Ausbildung eines Grundbruches entlang einer
Hauptspannungslinie und das Auftreten von senkrechten Mauerrissen in
dem beschädigten Gebäude.

f) Auslaugung im Untergrund

Dort, wo in Festgesteinen des tieferen Untergrundes Auslaugungen stattfinden, sind in den darüberliegenden Lockergesteinen Senkungen und
Sackungen möglich, weil die Lockergesteine passiv der Volumenverände-
rung ihres Untergrundes folgen.

Solche Erscheinungen treten z.B. im Zusammenhang mit der Bildung
von Erdfällen in Festgesteinen auf (Kap. 4.4). Ein in Norddeutschland
bekanntes Beispiel für derartige Senkungserscheinungen ist das Gebiet
der Altstadt von Lüneburg, die über einem Salzstock steht. Infolge Auslaugung in den oberen Zonen der mehr als 20 m unter Gelände liegenden
Salzschicht kommt es immer wieder zu Senkungsschäden; bei Einbrüchen
über Hohlräumen, die sich in der oberen vergipsten Zone des Salzstockes
ausbilden, auch zu Erdfällen (Abb. 3.6). Seit 1949 mußten in Lüneburg
infolge von Setzungsschäden schon etwa 200 Häuser abgebrochen werden.

Ein häufig angewendetes Mittel gegen Baugrundsetzungen sind Pfahl-
gründungen. Die Pfähle können aus verschiedenartigem Material bestehen,
z.B. aus Holz, Beton oder auch Kies. Üblicherweise werden sie bis auf
eine standsichere Schicht im Untergrund heruntergeführt; eine sog.
"schwebende Gründung" ist in den meisten Fällen problematisch.

Weitere Möglichkeiten zur Verbesserung des Baugrundes sind der
völlige Aushub der ungeeigneten Lockergesteine (Auskoffern), das Ein-

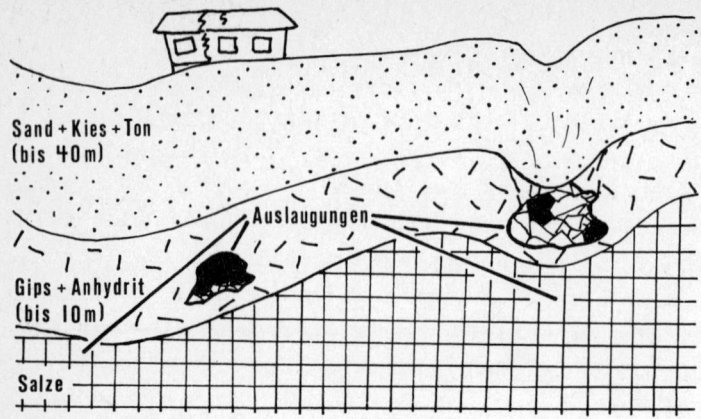

Abb. 3.6. Setzungen im Altstadtgebiet von Lüneburg: Allmähliche Auslaugung in den Salzen des Untergrundes führt zu langsamen Absenkungen oder plötzlichen Erdfällen, wenn Hohlräume in den aus Gips und Anhydrit bestehenden Hutschichten des Salzstockes einbrechen (rechts)

bringen von Schotterpfählen (Stopfverdichtung) und das Einrütteln von Steinen (Steinskelettgründung). Lockergesteine können auch durch Walzen, Rütteln oder Rammen verdichtet und damit als Baugrund verbessert werden; vielfach ist schone eine Entwässerung oder Drainage hilfreich.

Ein weiteres Standardverfahren zur Baugrundverbesserung ist das Verpressen, das genauso bei Festgesteinen angewendet wird: Unter Druck wird Zementmilch oder ein anderes Dichtungsmittel (z.B. Silika-Lösung) in Bohrlöcher eingepreßt, um damit Poren und Hohlräume abzudichten und das Gestein insgesamt zu verfestigen. Damit das Verpressen des Untergrundes erfolgreich verläuft, müssen einige Punkte beachtet werden: Die zu verpressende Schicht sollte von Ton oder Lehm überlagert und abgedichtet sein, damit die Verpreßflüssigkeit nicht unkontrolliert versickert; die zu verpressende Schicht sollte nicht zu porös sein (Abdichtung wird nicht erreicht); und der Verpreßdruck sollte nicht zu hoch sein, damit nicht überlagernde Schichten hochgetrieben werden.

Für vorübergehende Verfestigungen von Lockergesteinen werden auch Gefrierverfahren angewendet, vor allem im Schacht- oder Tunnelbau. Hierbei leitet man Kältelösungen in Rohren durch die entsprechenden Schichten (z.B. Schwimmsande).

3.7 Erdrutsche

Erdrutsche in Lockergesteinen können durch folgende Ursachen ausgelöst werden:

Natürliche Ursachen:

Durchfeuchtung nach langanhaltenden Niederschlägen

Senkung des Wasserspiegels von Flüssen und Seen

    (dadurch im Uferbereich Abnahme des hydrostatischen Auftriebes
    und teilweise Erhöhung der Dichte der Lockergesteine; oft nach vor-
    hergehenden Überflutungen)

Unterschneidung von Böschungen, insbesondere durch Flüsse

Auflockerung durch Frost- und Tauwechsel (auch bei Festgesteinen)

Erschütterungen durch Erdbeben

Durch menschliche Tätigkeit bedingte Ursachen:

Aufbringen von Lasten durch Bauwerke

Anlage von An- und Einschnitten

Erschütterungen durch Sprengungen

    In allen Fällen ist der Einfluß des Wassers entscheidend. Die erste
Gegenmaßnahme gegen Rutschungen ist deshalb eine Entwässerung oder
zumindest das Abfangen von zufließenden Wässern durch Anlage von Gräben, Sickerschlitzen o.ä.. Vorbeugende Maßnahmen sind die Errichtung
von Stützbauwerken (Pfähle, Mauern) und eine baldige Bepflanzung.

    Von bautechnischer Seite berechnete und ausgeführte Böschungsnei-
gungen werden von Geologen oft als zu steil angesehen. Zu bedenken
ist, daß es für Böschungswinkel keine allgemein gültigen Richtzahlen
geben kann, weil die örtliche Zusammensetzung der Lockergesteine und
deren jeweilige Wassergehalte vielfach stark schwanken. Als Beispiel
können Mergel gelten: trocken sind sie standfest noch bei Böschungs-
winkeln von 30 - 35°, naß nur bei solchen von weniger als 15 - 20°.
Noch so aufwendig durchgeführte bodenmechanische Untersuchungen können
die komplizierten, gesteinsbedingten Verhältnisse in einer Böschung
nur unvollständig ermitteln, so daß Erfahrungswerte berücksichtigt werden sollten. Manchmal werden kleine nachträgliche Rutschungen in Kauf
genommen, weil es als weniger aufwendig erscheint, diese hinterher aus-
zubessern, als eine Böschung insgesamt flacher anzulegen. Problematisch
wird es nur, wenn die auftretenden Rutschungen erheblich größer werden,
als vorher erwartet worden war.

    Die mögliche Rutschgefährdung eines Hanges ist oft leicht zu er-
kennen, wenn er mit Bäumen bestanden ist: sind diese in den unteren
Stammbereichen krückstockartig gebogen, hat am Hang Bodenkriechen stattgefunden, das Bäume und Sträucher während ihres Wachstums auszugleichen
versuchten (Abb. 3.7).

    Einen Sonderfall innerhalb der rutschgefährdeten Lockergesteine bil-
den die sog. Quicktone und Quicklehme. Sie kommen in den Küstenbereichen

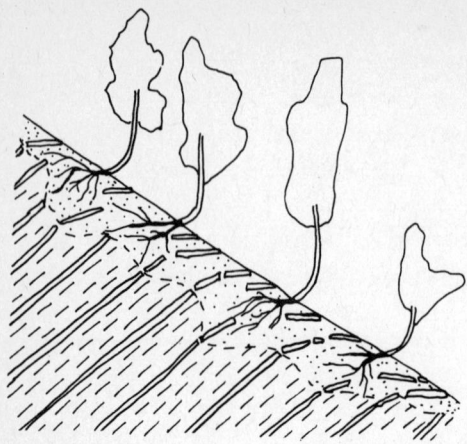

Abb. 3.7. Zeitweiliges Bodenkriechen in Lockergesteinen über festem Felsuntergrund. Die Bäume haben durch Verbiegen ihrer Stämme versucht, die Rutschbewegungen auszugleichen. Die am Hang freiliegenden Gesteinsbänke täuschen falsche Einfallsrichtungen vor (Hakenschlagen)

von Skandinavien und Nordamerika vor, wo sie ursprünglich vom Meer abgelagert wurden, aber durch die nacheiszeitliche Hebung (in den letzten 10 Tausend Jahren) dieser Gebiete bis zu Höhen von 300 m u. NN herausgehoben wurden. Diese Tone waren ursprünglich reich an Salzen (besonders Kochsalz = NaCl). Der Na-Gehalt hat bei den Tonmineralen (vgl. Kap. 3.4.3) eine große Wasseraufnahme-Kapazität in deren Schichtgittern bewirkt. Inzwischen sind durch Einwirkungen von Niederschlägen und Grundwasser die Salze aus den Tonen ausgewaschen worden, wodurch sich das Wasserhalte-Vermögen der Tonminerale drastisch verringert hat. Der Wassergehalt selbst ist aber nach wie vor meist so hoch, daß er über der Fließgrenze der Tone liegt. Kleinste Anstöße oder geringe Zunahme der Durchfeuchtung lösen deshalb Rutschungen selbst auf fast ebenen Gelände aus. Eine Stabilisierung der Quicktone, die möglichts nicht bebaut werden sollten, kann z.T. durch Aufbringen von Na-Salzen erreicht werden, weil dadurch das ursprüngliche Wasserhalte-Vermögen der Tonminerale wieder hergestellt wird.

3.8 Frostschäden

Frostschäden in Lockergesteinen werden durch zwei verschiedene Vorgänge hervorgerufen: einmal durch Hebungen infolge von Eislinsen-Bildung und zum anderen durch Weichwerden des Untergrundes beim Auftauen.
 Eislinsen bilden sich vor allem in Lockergesteinen, die sowohl durchlässig sind als auch eine kapillare Saugkraft besitzen. Das ist vor allem bei Schluffen (zu denen auch Löß gehört) und Feinsanden der Fall (Abb. 3.8). Sie können fortlaufend Wasser ansaugen, das gefriert und Eislinsen entstehen läßt. Dadurch kommt es zu Hebungen und Frostaufbrüchen, die sich an Straßen und Bauwerken besonders bemerkbar

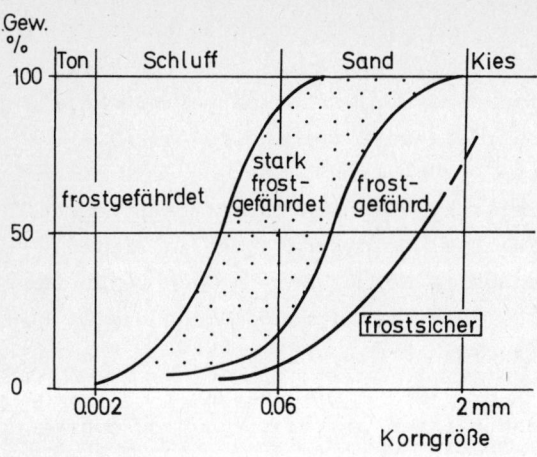

Abb. 3.8. Frostgefährdung von Lockergesteinen in Abhängigkeit von ihren Korngrößenverteilungen (Summenkurven) nach CASAGRANDE

machen. Die Eislinsenbildung ist außer von der Korngrößen-Zusammensetzung der Lockergesteine auch abhängig von der Eindringtiefe des Frostes und dem Wassernachschub.

Als Schutzmaßnahme gegen Eislinsenbildung kommen infrage: Ersatz des frostgefährdeten Schluffes durch frostsicheren Kies oder Sand, Absenkung des Grundwasserstandes und/oder Unterbindung des Wassernachschubes (z.B. durch das Einbringen von Abdichtungen oder wasserstauenden Schichten) sowie Gründung unterhalb der Eindringtiefe des Frostes. Diese wird in Deutschland meistens bei etwa 80 cm unter Geländeoberkante angesetzt, sie kann aber in kalten Wintern mit vielen aufeinander folgenden Frosttagen auch im Flachland 1.5 m oder mehr erreichen (Abb. 3.9). An Rohbauten entstehen Schäden besonders in Kellern z.T. dadurch, daß Kälte durch Fensteröffnungen eindringt und es zu Eislinsenbildung im Untergrund kommt, obwohl das Bauwerk bis unter die Eindringtiefe des Frostes herunterreicht.

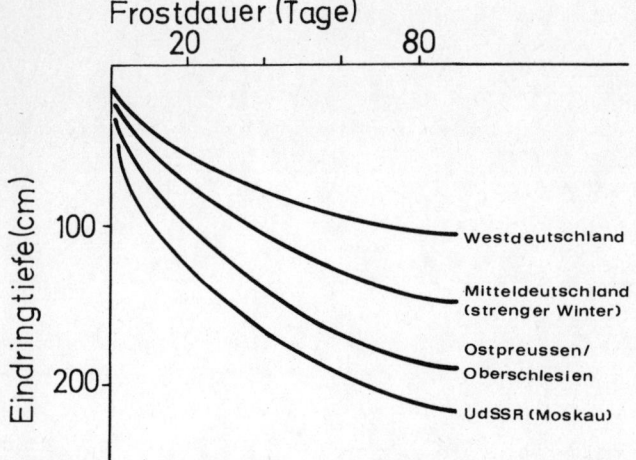

Abb. 3.9. Gemessene Eindringtiefen des Frostes bei Lehmboden in Abhängigkeit von der Frostdauer

Die Frostschäden beim <u>Auftauen</u> gehen vor allem durch Wasserüber-
sättigung infolge Zufließens von Schmelzwasser zurück. Auch hier stellt
Entwässern eine wichtige Gegenmaßnahme dar, schon um bei erneuter Abkühlung eine Wiederholung des Gefrierens zu verhindern.

Besondere ingenieurgeologische Vorkehrungen, insbesondere bei Gründungen, sind in Gebieten erforderlich, in denen <u>Dauerfrostboden</u> ausgebildet ist (Antarktis und Arktis; z.B. Nord-Kanada oder Sibirien). Hier
tauen die Gesteine des Untergrundes im Sommer nur in den oberen Lagen
auf (meist weniger als 1-2 m). Der darunterliegende Boden bleibt gefroren und damit wasserundurchlässig, so daß sich Wasser in den Auf-
taubereichen staut. Dadurch weichen diese stark auf und werden pla-
stisch-beweglich. Dauerfrostböden reichen bis zu Tiefen von mehreren
hundert Metern hinab (z.B. Alaska durchschnittlich 400 m; Sibirien
sogar bis zu 1500 m); die Temperaturen in den Dauerfrostböden liegen
bei etwa -5 bis -10°C. Das heutige Klima reicht nicht aus, um Dauerfrostböden in derartigen Mächtigkeiten zu erzeugen. Sie gehen zurück
auf die wesentlich niedrigeren Temperaturen während der letzten Eis-
zeit, die Dauerfrostböden sind also einige Tausend Jahre alt. Die Erd-
wärme (s. Kap. 6.2) hat noch nicht ausgereicht, um die Dauerfrostböden
auf Mächtigkeiten zu verringern, die dem heutigen Klima entsprechen
würden.

4 Festgesteine als Baugrund

4.1 Zusammensetzung und Einteilung der Gesteine

Gesteine sind zusammengesetzt aus Mineralen. Dabei gibt es Gesteine, die nur eine Mineralart enthalten (z.B. Marmor nur Kalkspat oder Quarzit nur Quarz), meistens sind jedoch mehrere Mineralarten an ihrem Aufbau beteiligt (z.B. Quarz, Feldspäte und Glimmer als Hauptbestandteile von Graniten und Sanden).

In der Natur vorkommende Minerale sind in der Regel feste Körper. Sie können aus nur einem chemischen Element bestehen (z.B. Graphit und Diamant, beide nur aus Kohlenstoff), meistens sind es aber chemische Verbindungen aus mehreren Elementen, vor allem Silikate und Oxide. Kennzeichen jeder Mineralart ist ein individueller gesetzmäßiger Aufbau der Atome. In manchen Mineralen bzw. Kristallen kommt dieser auch in regelmäßigen Wachstumsformen zum Ausdruck. Jede Mineralart hat spezifische Eigenschaften (z.B. Farbe, Härte, Dichte, Spaltbarkeit), die wiederum für die Eigenschaften der Gesteine, an deren Zusammensetzung sie sich beteiligen, verantwortlich sind. Diese Merkmale der Minerale werden auch benutzt, um sie zu bestimmen (vgl. Tab. 4.1).

Gesteine werden je nach ihrer Entstehungsart eingeteilt in

Magmatische Gesteine (Magmatite)
Sedimentgesteine (Sedimentite) und
Metamorphe Gesteine (Metamorphite).

Die Magmatite sind aus einem Magma (Schmelze) entstanden. Man unterscheidet Tiefengesteine (Plutonite), die sehr langsam in der Tiefe der Erde erstarrt sind, und Ergußgesteine (Vulkanite), die sich auf oder nahe an der Erdoberfläche verhältnismäßig rasch verfestigt haben (Abb. 4.1 und Tab. 4.2). Ganggesteine, d.h. Magmatite, die in Form von Gängen vorhandene andere Steine durchsetzen, werden überwiegend zu den Vulkaniten gerechnet.

Tiefengesteine weisen infolge ihrer langsamen Erstarrung ein gleichkörniges Gefüge (Bezeichnung für Anordnung und Ausbildung der Minerale) auf (Abb. 4.2). Sie sind fest und massig. Ein typisches Tiefengestein ist der Granit.

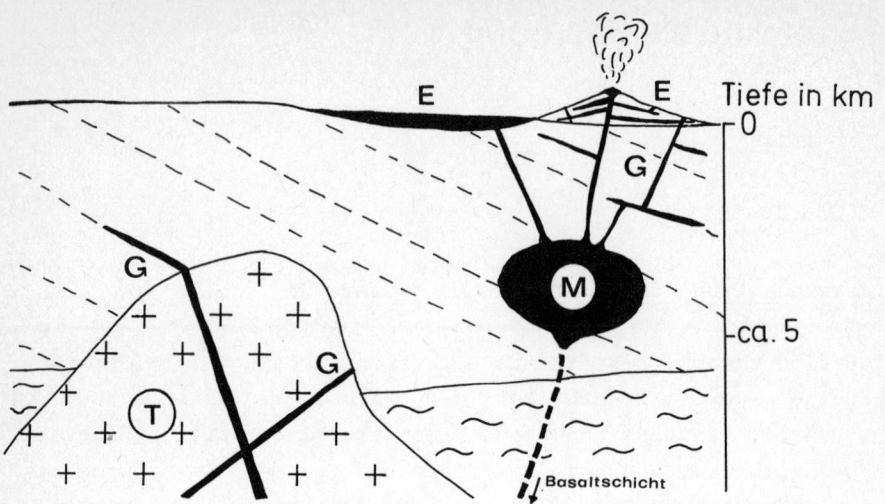

<u>Abb. 4.1.</u> Schematische Darstellung der Entstehungsorte von Tiefengesteinen (T),
Erguβgesteinen (E) und Ganggesteinen in der Erdkruste (G). M = Magmenkammer

    <u>Erguβgesteine</u> sind wegen ihrer unregelmäβigen oder schnellen Er-
starrung ungleichkörnig ausgebildet. Typische Gefügeformen von Erguβgesteinen sind (Abb. 4.2):

glasig-dicht (Zeichen extrem schneller Erstarrung;
               Beispiel: Obsidian = Gesteinsglas)

blasig   (zahlreiche Hohlräume, die durch in der Schmelze
               enthaltenes Glas entstanden sind;
               Beispiel: Bimsstein)

porphyrisch (Einsprenglinge von gröβeren Mineralen in feinkörniger
               oder dichter Grundmasse, sog. "Blutwurstgefüge";
               Beispiel: Quarzporphyr).

    Erguβgesteine sind bis auf vulkanische Aschen und Tuffe fest.
Häufigstes Erguβgestein ist der Basalt.

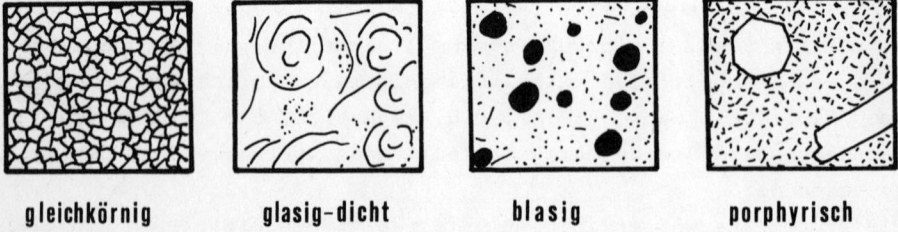

gleichkörnig   **glasig-dicht**   **blasig**   **porphyrisch**

<u>Abb. 4.2.</u> Typische Gefüge von magmatischen Gesteinen, mit bloβem Auge oder der Lupe
zu erkennen. Gleichkörniges Gefüge ist für Tiefengesteine, die übrigen sind für
Erguβgesteine typisch

Tabelle 4.1. Vereinfachte Übersicht über die wichtigsten gesteinsbildenden Minerale

Mineralname	chem. Zusammensetzung	typische Farbe	sonstige Merkmale
Quarz	SiO_2	farblos, grau	muscheliger Bruch, sehr hart, ritzt Stahl und Glas
Feldspäte	Aluminiumsilikate mit K, Na oder Ca	grau, rötlich	meist kasten- oder leistenförmige Körner, deutl. Spaltbarkeit, hart (ritzen Glas, aber keinen Stahl)
Muskovit (Hellglimmer)	Schichtsilikate	glänzend grau	Schuppen oder Blättchen, rel. weich (mit Glas ritzbar)
Biotit (Dunkelglimmer)	Schichtsilikat	braun, schwarz	
Chlorit	Schichtsilikat	grün	
Pyroxene (Augite i.w.S.)	Silikate mit Ca, Fe und/oder Mg	dunkelgrün, schwarz	gedrungene Körner, deutl. Spaltbarkeit, hart (werden von Glas nicht, von Stahl teilweise geritzt)
Amphibole (Hornblenden i.w.S.)	wasserhaltige Silikate	dunkelgrün, schwarz	stengelige Körner, deutl. Spaltbarkeiten (werden von Glas nicht, von Stahl teilweise geritzt)
Olivin	$(Mg, Fe)_2[SiO_4]$	gelblich-grünlich	muscheliger Bruch, ritzen Glas, z.T. auch Stahl; als Einzelkörner vor allem in Basalten
Kalkspat (Kalzit)	$CaCO_3$	weiß, grau	deutliche Spaltbarkeiten, wird von Stahl und Glas geritzt, braust stark mit verd. Salzsäure
Dolomit	$Ca, Mg(CO_3)$	grau, bräunlich	oft "zuckerkörnig", deutl. Spaltbarkeiten, wird von Stahl und Glas geritzt, braust schwach mit konz. Salzsäure
Gips	$Ca\,SO_4 \cdot 2\,H_2O$	weiß, grau	deutl. Spaltbarkeiten, Gips mit Fingernagel ritzbar, Anhydrit nur mit Glas oder Stahl
Anhydrit	$Ca\,SO_4$		

Tabelle 4.2. Vereinfachte Übersicht über die wichtigsten magmatischen Festgesteine

	Gefüge	Hauptminerale	typische Farbe	Rohdichte ca.
Tiefengesteine				
Granit	körnig	Quarz, Feldspäte und dunkle Minerale (meist Biotit, selten Augit oder Hornblende)	grau oder rötlich (hell)	2.6 – 2.7
Syenit und Diorit	körnig	Feldspäte und Hornblenden (oder Augite oder Glimmer); wenig bzw. kein Quarz	grau oder rötlich (hell oder dunkel)	2.7 – 2.8
Gabbro	körnig	Feldspäte und Augite oder Hornblenden	dunkelgrün bis schwarz	2.9 – 3.2
Ergußgesteine				
Quarzporphyr	porphyrisch	Quarz und Feldspäte als Einsprenglinge in feinkörniger oder dichter Grundmasse	meist rötlich-braun, auch grau	2.6 – 2.8
Diabas	körnig oder dicht	Feldspäte und Augite, diese oft chloritisiert (vergrünt)	dunkel grünlich-grau	2.8 – 2.9
Basalt	feinkörnig oder dicht	in schwarzer Grundmasse gelegentlich Einzelkörner von Olivin, Feldspäten oder Augiten	dunkelgrau bis schwarz	2.8 – 3.3

Tabelle 4.3. Vereinfachte Übersicht über die wichtigsten sedimentären Festgesteine

	Gefügemerkmale	Komponenten	typische Farbe
Konglomerat	unterschiedlich grobkörnig	Gerölle von Gangquarzen und/oder verschiedenartigen Gesteinen	unterschiedlich
Grauwacke	meist ungleichkörnig	Quarz, Gesteinsfragmente und Schieferflatschen mit meist feinkörnigem Zwischenmittel	dunkelgrau, verwittert bräunlich
Sandstein	meist gleichkörnig	überwiegend Quarz, daneben Glimmer und z.T. Feldspäte	grau, braun, rötlich
Tonstein	feinkörnig bis dicht, oft geschichtet	Glimmer, Chlorit, Quarz Tonminerale – alle nur mit Mikroskop erkennbar	grau, braun, grün schwarz
Tonschiefer	feinkörnig bis dicht, deutliche Schieferungs- flächen		
Lydit (Kieselschiefer)	dicht, extrem hart	feinstkörniger Quarz – nur mit Mikroskop erkennbar	schwarz, selten rötlich, gelblich, grünlich; Klüfte meist weiß (Quarz)
Kalkstein	körnig oder dicht, oft Schalenreste	Körner und Schalenreste aus Kalkspat	verschieden
Dolomitstein	körnig, oft porös	Dolomit	meist bräunlich
Gips- und Anhydrit-)Gestein	feinkörnig bis dicht	Gips bzw. Anhydrit	grau, z.T. dunkel gebändert

Tabelle 4.4. Vereinfachte Übersicht über die wichtigsten metamorphen Festgesteine

	Gefüge	Hauptminerale	typische Farbe
Gneis	körnig, lagig bis gebändert	Quarz, Feldspäte, Glimmer	grau, rötlich
Glimmerschiefer	unregelmäßig körnig, schuppig bis schiefrig/plattig	Glimmer, z.T. Quarz und große Einsprenglinge von selteneren Mineralen (z.B. Granat)	grau, grünlich
Dachschiefer	feinkörnig bis dicht, sehr deutliche Schieferungsflächen	Glimmer – nur mit dem Mikroskop erkennbar	dunkelgrau bis schwarz
Quarzit	körnig, sehr hart	Quarz	grau
Marmor	gleichkörnig	Kalkspat	weiß, grau; oft dunkle oder rötliche Schlieren/Lagen

<u>Sedimentgesteine</u> bilden sich an der Erdoberfläche zumeist im Meer, aber auch auf dem Festland (z.B. See- oder Dünenablagerungen). Sedimentgesteine können sehr unterschiedlich zusammengesetzt sein (z.B. sandig, kalkig, kieselig, Tab. 4.3). Sie sind teils locker (vgl. Kap. 3), teils verfestigt (z.B. Sand/Sandstein, Schotter/Konglomerat). Je nach den Bildungsbedingungen unterscheidet man zwischen klastischen Sedimenten (Einzelkörner durch Verwitterung/Abtragung von älteren Gesteinen bereitgestellt; Beispiel Sand), chemischen Sedimenten (Komponenten durch chemische Prozesse neu gebildet; Beispiel Gips) und organogenen Sedimenten (Komponenten durch Tätigkeit von Tieren und Pflanzen entstanden; Beispiele: Korallenkalkstein oder Torf).

Die meisten Sedimentgesteine sind geschichtet oder gebankt. Sedimentgesteine nehmen etwa 3/4 der Oberfläche der Festländer ein.

<u>Metamorphe Gesteine</u> sind durch Umwandlung aus magmatischen und sedimentären Gesteinen entstanden. Die Metamorphose (Erhöhung von Druck und Temperatur) hat vor allem im Verlauf von Gebirgsbildungen stattgefunden. Viele metamorphe Gesteine zeigen infolge der Druckbeanspruchung ein deutliches Parallelgefüge, das als Schieferung ausgebildet sein kann. Diese hat nichts mit der ursprünglichen Schichtung zu tun, welche bei metamorph überprägten ehemaligen Sedimentgesteinen meist nicht mehr zu erkennen ist. Metamorphe Gesteine sind fest und teils mehr körnig (Marmor, Quarzit), teils mehr plattig-schiefrig ausgebildet (Gneise, Glimmerschiefer, Dachschiefer), vgl. Tab. 4.4.

4.2 Faltenformen

Druck und Zusammenschub im Verlauf von gebirgsbildenden Prozessen sind verantwortlich dafür, daß die ursprünglich etwa horizontal abgelagerten Sedimentgesteine in verschiedener Weise verstellt und verfaltet sein können. Etwa senkrecht aufgerichtete Gesteinsbänke werden mit einem alten Bergmannsausdruck als seiger (bzw. saiger) bezeichnet. Verstellungen und Verfaltungen finden sich weit verbreitet in allen Arten von Sedimentgesteinen verschiedenen Alters. Sie reichen in ihren Dimensionen vom Millimeter-Bereich bis zu Größen von Zehnern von Kilometern. Die Tatsache, daß selbst sehr harte und spröde Gesteine bruchlos verfaltet sein können, erklärt sich dadurch, daß die Deformationen/Faltungen unendlich langsam abgelaufen sind, d.h. in der Größenordnung von vielen Tausend Jahren.

Nach unten durchgebogene Falten bezeichnet man als Mulden, nach oben gewölbte als Sättel. Falten können etwa symmetrisch ausgebildet sein, senkrecht stehen oder überkippt sein; Sättel und Mulden sind

34

teils regelmäßig gebogen (in Form von Sinuskurven) oder eckig-gerade
geformt (Zickzack- und Koffer-Falten, Abb. 4.3). Bei starker Deforma-
tion kann es zu einem Zerreißen der Falten kommen, sie gehen in Über-
schiebungen und damit in Rupturen (s.u.) über. Je nach der Orientierung zur Faltenstruktur sind in Festgesteinen Unterschiede im felsmechanischen Verhalten zu erwarten (vgl. Kap. 6.2).

Abb. 4.3a-d. Beispiele für Faltenformen: (a) Symmetrische Nor-
malfalte; (b) Überkippte Falte;
(c) Kofferfalte; (d) Spitzfalte
(Zick-Zack-Falte)

Außer den durch Gebirgsdruck, d.h. tektonisch gebildeten Falten
gibt es Faltenformen, die durch Gleitungen/Rutschungen oder Eisdruck
entstanden sind. Rutschfalten treten relativ selten und meist klein-
räumig auf, sie gehen auf Kriech- oder Fließbewegungen zurück, die in
noch wenig verfestigten Sedimenten infolge Schwerkraft-Wirkung an Hängen stattgefunden haben - meist während oder kurz nach deren Ablagerung im Meeresbereich. Verfaltungen und Stauchungen durch Eisdruck,
d.h. vor Gletscher- oder Inlandeis-Zungen, gibt es besonders im nordwestdeutschen Flachland häufig. Sie sind in überwiegend unverfestigten
Sanden, Kiesen und Tonen ausgebildet, die eigentlich nicht faltbar
sind. Während der Kaltzeiten im Pleistozän (vgl. Kap. 5.2) waren diese
Sedimente aber gefroren, so daß sie wie Festgesteine verbogen werden
konnten.

4.3 Ablöse- und Trennflächen in Festgesteinen

In Festgesteinen können vier verschiedene Arten von Ablöse- und Trennflächen auftreten:

    Schichtflächen
    Kluftflächen
    Rupturen
    Schieferungsflächen.

Schichtflächen sind auf Sedimentgesteine beschränkt. Sie waren bei
deren Ablagerung etwa horizontal orientiert, infolge späterer Deforma-
tion sind sie vielfach verstellt und/oder verbogen bzw. verfaltet
(Kap. 4.3).

Als <u>Kluftflächen</u> werden Trennflächen bezeichnet, durch welche die Gesteine zerlegt werden, an denen aber keine oder fast keine Bewegungen stattgefunden haben. Kluftflächen treten in allen Arten von Festgesteinen auf. Nach ihrer Entstehung unterscheidet man

Deformationsklüfte
Kontraktionsklüfte und
Entlastungsklüfte.

Deformationsklüfte gehen auf die Beanspruchung bei der Gebirgsbildung zurück. Kontraktionsklüfte entstehen bei der Erstarrung von magmatischen Gesteinen. Typisches Beispiel hierfür ist der Basalt, in dem es oft zur Ausbildung von vier- bis sechseckigen Säulen gekommen ist, die von Kontraktionsklüften begrenzt werden (Abb. 4.4). In Graniten treten weitständige, etwa senkrecht aufeinander stehende Klüfte auf, bei denen es sich ebenfalls überwiegend um Kontraktionsklüfte handelt. Sie können bei herausragenden Granitfelsen und -klippen Absonderungsformen erzeugen, die als "Wollsäcke" oder "Matratzen" bezeichnet werden.

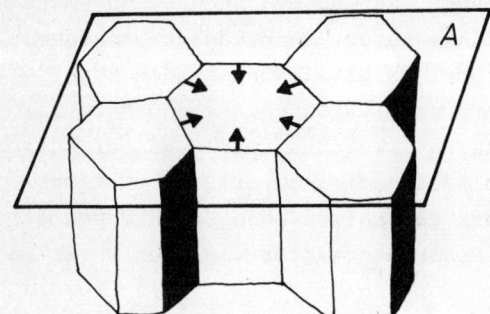

Abb. 4.4. Herausbildung von Säulen, die von Kontraktionsklüften begrenzt werden, bei der Abkühlung von Basaltschmelzen. Die Säulen stehen senkrecht zu den Abkühlungsflächen (A), hier der Ober- bzw. Unterseite des Basaltkörpers

Entlastungsklüfte treten bei allen Festgesteinen in Oberflächennähe auf, wenn durch Talbildung oder künstliche Eingriffe Teile von Gesteinskörpern entfernt werden, so daß die verbleibenden Partien die Möglichkeit der Ausdehnung in den freien Raum haben. Entlastungsklüfte sind deswegen meist hang- oder oberflächenparallel ausgebildet (Abb. 4.5). Ursprünglich handelt es sich dabei häufig um Kontraktions- oder Deformationsklüfte, die wieder "aufleben" und sich erweitern. Entlastungsklüfte sind üblicherweise nur bis zu Tiefen von etwa 20-50 m unter der Oberfläche vorhanden. Das zeigt sich z.B. dann, wenn bei der Gewinnung von Werksteinen in Steinbrüchen tiefe Sohlen aufgefahren werden und man hier frisches Gestein antrifft, das sich schlecht lösen läßt, weil (noch) keine Entlastungsklüfte ausgebildet sind.

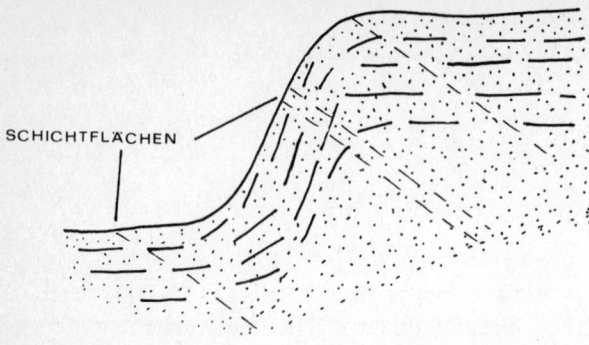

SCHICHTFLÄCHEN

Abb. 4.5. Ausbildung von ober-
flächenparallelen Entlastungs-
klüften in einem dickbankigen
Sandstein

In der Felsmechanik wird auf Grund der Zerklüftung eine Einteilung
der Festgesteine in sog. Gebirgsklassen vorgenommen. Dabei werden
Menge und Öffnungsweite der Klüfte sowie der Winkel, unter dem sie
sich schneiden, zusammen mit dem Verwitterungsgrad der Gesteine als
Maß für die Festigkeit und Bearbeitbarkeit zugrundegelegt (z.B. "ge-
bräher" oder "standfester" Fels).

Zu den Rupturen gehören Verwerfungen, Störungen, Brüche und Über-
schiebungen, also alle größeren und kleineren Trennflächen, an denen
innerhalb der Gesteine horizontale oder vertikale Bewegungen stattgefunden haben. Nicht selten sind Rupturen mit tonig-lehmigem Material
(oft als Letten bezeichnet) ausgekleidet, welches stark wasserführend
sein kann. Rupturen kommen in allen Festgesteinen vor.

Schieferungsflächen sind auf stark tektonisch beanspruchte und
metamorphe Gesteine beschränkt. Im Gegensatz zu den vielfach verfalte-
ten Schichtflächen zeichnen sie sich dadurch aus, daß sie in größeren
Bereichen meist einheitlich orientiert sind. Im Rheinischen Schiefer-
gebirge und im Harz z.B. fallen die Schieferungsflächen meist nach
Südosten ein.

Die Orientierung der verschiedenen Ablöse- und Trennflächen wird
von Geologen dadurch festgestellt, daß sie die Streichrichtung (Winkel
zwischen der Nord-Richtung und der Schnittlinie der Fläche mit der
Horizontalen) und den Fallwert (Winkel zwischen der Horizontalen und
der geneigten Fläche, senkrecht zur Streichrichtung bzw. in der kür-
zesten absinkenden Linie ermittelt) mit einem Kompaß einmessen (Abb.
4.6). Dabei ist zu bedenken, daß an geneigten Hängen infolge von Bodenkriechen die obersten Partien von Festgesteinen oft nach unten verscho-
ben oder verrutscht sind (sog. Hakenschlagen, vgl. Abb. 3.7). Wird
dieses nicht erkannt, ergeben die Messungen von Trennflächen (besonders bei Schichtflächen) ein falsches Bild über deren Fortsetzung im
Untergrund.

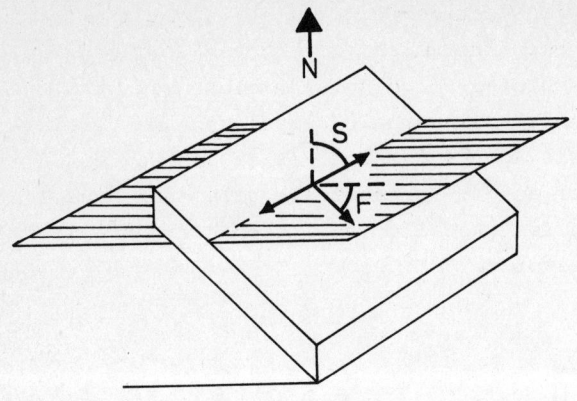

Abb. 4.6. Messung von Streichen
(S) und Fallen (F) an einer
schräggestellten Schicht- bzw.
Trennfläche. Die entsprechenden
Winkel werden auf die Nordrich-
tung (Streichen) und die als hori-
zontal angesehene Erdoberfläche
(Fallen) bezogen

Das Vorhandensein bzw. die Ausbildung von Ablöse- und Trennflächen
ist von großer Bedeutung für Fragen der Festigkeit, Standsicherheit
und Bearbeitbarkeit von Festgesteinen. Besonders deutlich wird das
im Zusammenhang mit den Kapiteln "Steinschlag/Bergstürze" (Kap. 4.6),
"Talsperren-, Tunnel- und Kavernenbau" (Kap. 6) und "Gewinnung von Natursteinen" (Kap. 7.1). Hier zeigt sich, daß es nicht genügt, vorhandene
Ablöse- und Trennflächen pauschal als solche zu registrieren. Sie müssen der jeweiligen Entstehungsart zugeordnet werden, weil nur so Voraussagen über ihr wahrscheinliches Auftreten im noch nicht erschlosse-
nen Untergrund möglich sind.

Bei Sedimentgesteinen wird angesichts der meist deutlich hervor-
tretenden Kluftflächen die Bedeutung der Schichtflächen manchmal unterschätzt. Diese wirken jedoch vielfach als wichtige Grenzflächen, d.h.,
daß die einzelnen Schichten (Bänke) sich erheblich voneinander unterscheiden können, in sich aber homogen sind. Auf den abgrenzenden
Schichtflächen zirkulieren meist Grund- und Sickerwässer, was man z.B.
an Straßeneinschnitten in geneigten Sedimentgesteinen beobachten kann.
Entsprechend der Einfallsrichtung der Schichten ist eine Seite feucht
und eine trocken (Abb. 4.7).

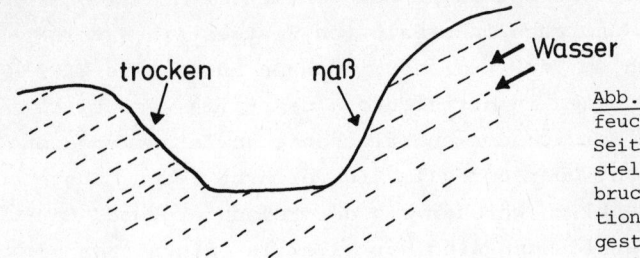

Abb. 4.7. Unterschiedliche Durchfeuchtung von gegenüberliegenden
Seiten eines im Querprofil darge-
stellten Straßeneinschnittes/Stein-
bruchs, verursacht durch Zirkula-
tion von Sickerwässern auf schräggestellten Schichtoberflächen (gestrichelt)

38

Als Beispiel für die Bedeutung der Homogenität einzelner Bänke kann das Verhalten bei möglichen Erschütterungen, z.B. durch Sprengen, gelten. In einer Grauwacken-Tonschiefer-Folge setzten diese sich in Streichrichtung der Schichten (also innerhalb derselben Bank) viel stärker fort als quer dazu, wie Abb. 4.8 zeigt: In Haus A kam es zu starken Schäden, im viel näher an der Sprengstelle gelegenen Haus B wurden keinerlei Einwirkungen festgestellt, weil sich hier der Materialwechsel quer zum Streichen auswirkte.

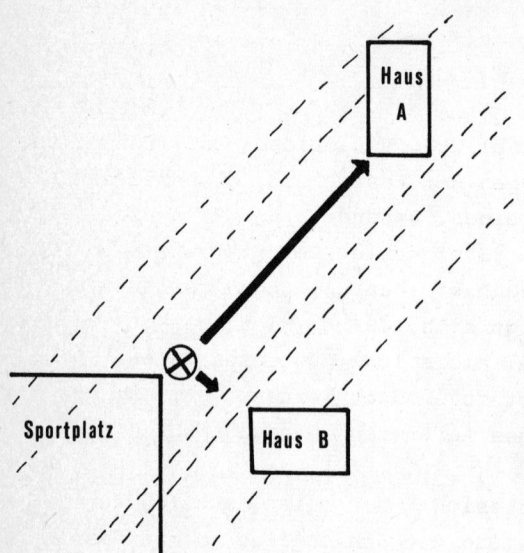

Abb. 4.8. Starke Ausbreitung von Erschütterungen in Streichrichtung der Schichten (gestrichelt), geringe quer dazu. Grundrißskizze eines Schadensfalles, ausgelöst durch Sprengarbeiten an der Felsböschung eines Sportplatzes (Sprengstelle = ⊗)

4.4 Verwitterungszonen und Hohlformen

Festgestein wird meist von einer Decke aus Verwitterungsmaterial bedeckt, die in Deutschland in der Regel nur einige Dezimeter mächtig wird, in tropischen Gebieten aber Dicken von 30 m und mehr erreichen kann ("Boden" in geologischem Sinn, vg. Kap. 3.1). Wichtig ist, daß örtlich auch in Deutschland Zersetzungszonen von mehreren Metern Mächtigkeit an der Oberseite und auch innerhalb von Festgesteinen vorhanden sind. Es handelt sich um Verwitterungsbildungen aus der Tertiär- oder Kreidezeit, während denen in Mitteleuropa das Klima wesentlich wärmer war als heute. Im Bereich der oberflächennahen Zersetzungszone sind die Gesteine gebleicht oder unregelmäßig verfärbt (sog. "Bunte Letten"), immer aber wesentlich weicher als der Felsuntergrund. Derartige alte Verwitterungsbildungen sind vor allem in ebenen Lagen

(Rumpfflächen) der Mittelgebirge verbreitet, z.B. im Siegerland oder im Fichtelgebirge.

Karbonatgesteine (Kalksteine und Dolomitgestein) und Sulfatgesteine (Gips- und Anhydritgestein) sind im Handstück meist dicht und homogen; in größeren Gesteinskörpern oder sogar ganzen Gebirgen aus diesen Gesteinen sind dagegen Karsthohlformen weit verbreitet. Darunter versteht man Löcher und Höhlen im Gestein selbst oder unregelmäßige Trichter an dessen Oberfläche, die mit Lockergesteinen gefüllt sind. Bei Baugrunduntersuchungen und Vorerkundungen im Zusammenhang mit Steinbruchserweiterungen ist es von entscheidender Bedeutung, diese Hohlformen lückenlos zu erfassen, was durch Bohren allein nicht immer gelingt (vgl. Kap. 2.6). Alle Erscheinungen der Verkarstung zeichnen sich dadurch aus, daß sie unregelmäßig ausgebildet und kaum vorhersehbar sind. Dieses wird treffend in einem Spruch wiedergegeben, den man von Arbeitern in Kalksteinbrüchen des Lahngebietes hören kann: "Im Kalk sitzt der Schalk!"

Beim plötzlichen Zusammenbruch von oberflächennahen Hohlräumen in Karbonat- und Sulfatgesteinen entstehen Erdfälle. Wichtig ist der geologische Befund, daß sich Erdfälle auch durch überlagernde, an sich standfeste Fest- und Lockergesteine durchpausen können. Ein extremes Beispiel hierfür ist das Gebiet um Karlshafen/Uslar (Südniedersachsen/Nordhessen), in dem zahlreiche, mit Lockermaterial gefüllte frühere (fossile) Erdfälle vorkommen, obwohl der Untergrund aus festem Buntsandstein mit Mächtigkeiten von mehreren hundert Metern besteht. Die Einbrüche/Einstürze müssen in den unter den Sandsteinen liegenden Sulfatgesteinen der Zechstein-Zeit erfolgt sein und sich kaminartig nach oben durchgebrochen haben.

4.5 Gesteinsaufwölbungen

In geschichteten oder blättrigen Tonsteinen/Tonschiefern kann es an der Oberfläche zu Volumenvergrößerungen infolge von Aufwölbungen kommen, wenn Sulfat-haltige Schichtwässer aufsteigen und in den Schichtfugen Gips und andere Sulfate auskristallisieren. Aufblätterungen und Aufwölbungen der Gesteinsoberfläche sind die Folge. Der Sulfat-Schwefel der Schichtwässer entsteht durch Oxidation/Verwitterung von feinkörnigen Schwefeleisen-Kristallen, die sich im tonigen Gestein selbst befinden (vgl. auch Kap. 6.2, Sulfatquellung mit Schäden an Betonbauten).

Derartige Aufwölbungen mit erheblichen Gebäudeschäden sind z.B.
aus solchen Gebieten Baden-Württembergs bekannt, in denen Gebäudefun-
damente auf dem sog. Posidonienschiefer (Lias-Zeit, vg. Kap. 5.4)
stehen. Durch Erwärmung des Untergrundes nach dem Einbau von Heizungs-
anlagen wird die Sulfat-Kristallisation offenbar wesentlich beschleu-
nigt; Aufwölbungen bis zu 30 cm Höhe sind beobachtet worden. Als bau-
seitige Maßnahme zur Vermeidung von derartigen Schäden kommen z.B.
infrage: Gute Wärmeisolierung der Fundament- bzw. Kellersohlen, Gründung auf Hohlfundamenten oder Versickernlassen von Wasser in dem Unter-
grundgestein, um das Aufsteigen der Schichtwässer an die Gesteinsoberfläche zu verhindern.

4.6 Steinschläge und Bergstürze

An natürlichen und künstlichen Felsböschungen sind Steinschläge, also
das Herunterbrechen von Gesteinsbrocken entlang von Kluft- und Ver-
werfungsflächen, nicht selten. Besonders nach starken Durchfeuchtungen
(z.B. durch Starkregen oder während der Schneeschmelze) treten solche
Gesteinsabbrüche häufig auf. Sind daran neben Festgesteinen auch Lockergesteine in größerem Umfange beteiligt, ergeben sich Übergänge zu Erd-
rutschen (Kap. 3.7); erfolgen die Abbrüche in größeren Dimensionen,
spricht man von Fels- oder Bergstürzen. Ursachen für Abbrüche in Festgesteinen können sein:

> Aufweichungen des Untergrundes
> Erdbeben
> menschliche Einwirkungen (z.B. Sprengungen, Hangabtragungen).

Aufweichungen des Untergrundes wirken sich vor allem dort aus,
wo unter kalkigen oder sandigen Festgesteinen toniges Material vorhanden ist. Das trifft z.B. überall dort zu, wo innerhalb der Schichten
der Trias-Zeit die feinplattigen Kalksandsteine des Unteren Muschelkalkes etwa horizontal über tonigen Gesteinen des Oberen Buntsandsteins
(sog. Röt) lagern (etwa Südniedersachsen/Nordhessen oder östliche Aus-
läufer von Spessart und Schwarzwald). Hier kommt es an den Muschelkalk-
Stufen immer wieder zu Abbrüchen, teils in Form von Bergstürzen, teils
auch als langsame Schutt-Rutschungen (Abb. 4.9).

Einer der größten "natürlichen" Bergstürze in Europa in historischer
Zeit war der Felssturz von Goldau in der Schweiz (1806), bei dem
35 Mill. m^3 Konglomerat auf mergeligen Schichten abrutschten und fast
500 Menschen töteten. Etwa 8 mal so groß war die Rutschmasse, die 1963
in Norditalien in den künstlich angelegten Vajont-Stausee stürzte und

Abb. 4.9. Typische Abbrüche und Felsstürze von Kalksteinen des Unteren Muschelkalkes (mu) über aufgeweichten Tongesteinen des Oberen Buntsandsteins (= Röts, so); darunter sm = Mittlerer Buntsandstein

eine gewaltige Flutwelle auslöste, die in der Ortschaft Longarone fast 2000 Menschen tötete. Aus außereuropäischen Gebieten sind noch weit größere Bergstürze bekannt.

Die Möglichkeit, im Fall von drohenden Steinschlägen und Bergstürzen Sicherungsmaßnahmen durchzuführen, sind verhältnismäßig gering. Bei kleineren Objekten kann eine Entwässerung helfen, teilweise auch eine Verankerung von gelockerten Gesteinspartien mit Hilfe von Stahlankern. Diese werden in der Regel senkrecht zu den Hauptabsonderungsflächen in den Fels getrieben.

In jedem Fall ist es wichtig, die Art, Größe und Richtung aller Ablöse- und möglichen Abrißflächen festzustellen (vgl. Kap. 4.2), um danach die erforderlichen Maßnahmen in die Wege zu leiten. Ein Beispiel dafür, daß Felspartien mit (allerdings aufwendigen) Verankerungen zusammengehalten und vor dem Auseinanderbrechen bewahrt werden können, ist der Drachenfels im Siebengebirge bei Bonn.

In einigen Fällen kann eine Felsböschung durch geschickte Ausnutzung der vorhandenen Ablöseflächen so ausgeführt werden, daß sie Steinschlag-sicher und trotzdem kostengünstiger ist, als es ursprünglich vorgesehen war (Abb. 4.10).

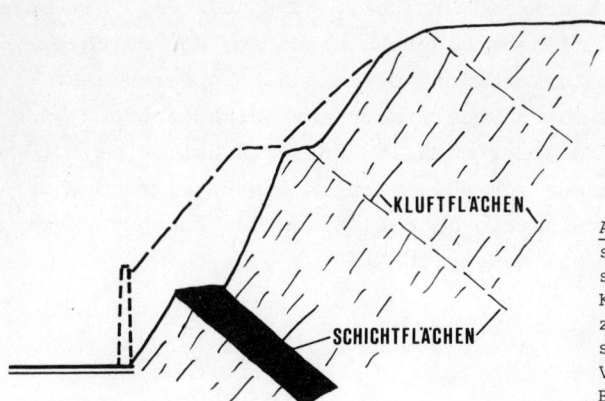

KLUFTFLÄCHEN

SCHICHTFLÄCHEN

Abb. 4.10. Anlage einer standsicheren Felsböschung, bei der sich die Böschungslinie den Haupt-Kluftflächen anpaßt, statt einer zunächst vorgesehenen Mauer (gestrichelte Linie). Nach einer Veröff. des Hess. L.-Amtes f. Bodenforschung (1976)

42

4.7 Erdbeben

Erdbeben treten dort auf, wo die Erdkruste sich aktiv in Bewegung befindet. In Europa ist das Haupt-Erdbebengebiet der Mittelmeer-Raum,
in der Bundesrepublik Deutschland sind es folgende Bereiche: das Oberrheintal von Frankfurt bis Basel, die Kölner Bucht (Gebiet um Köln-
Düsseldorf-Krefeld) und die Schwäbische Alb (Streifen etwa von Stuttgart bis zum Bodensee). Die Schäden, die bei Erdbeben in Deutschland
bisher aufgetreten sind und zukünftig erwartet werden müssen, sind vergleichsweise gering. Trotzdem sollte bei der Planung von empfindlichen
Industrieanlagen innerhalb der gefährdeten Gebiete mit möglichen
Schädigungen durch Erdbeben gerechnet werden. Leichte Erschütterungen
können sogar überall in der Bundesrepublik auftreten, wenn es zur
Fernwirkung von Erdbeben, die z.B. im Mittelmeerraum stattfinden,
kommt.

Die Bodenbewegungen, die im Verlauf von Erdbeben stattfinden, sind
nicht immer ruckartig, sondern oft eher langsam schaukelnd. Entgegen
einer weit verbreiteten Meinung wirken sie sich dort am stärksten aus,
wo der Untergrund aus Lockergestein oder aufgeschüttetem Material besteht. Dieses kann bei Erdbeben fast wie Wasser aufgeschaukelt werden, während Felsuntergrund nur begrenzte Bewegungen ausführt. Am sta-
bilsten gegen Erdbeben haben sich auf Felsuntergrund stehende niedrige
Stahlbeton-Konstruktionen erwiesen, wobei der Abstand zwischen den Gebäuden möglichst groß sein sollte. DIN 4149 enthält Vorschriften für
die Bauausführung in deutschen Erdbebengebieten.

Leichte Erdbeben können auch durch menschliche Tätigkeit ausgelöst
werden, wenn die Gleichgewichtsverhältnisse an oder nahe an der Erdoberfläche verändert werden. Das kommt z.B. bei der Schüttung von
großen Talsperren-Dämmen oder bei der Füllung bzw. Überfüllung von
Staubecken vor (Beispiel: Lake Mead-Staudamm, Arizona, USA). Die auftretenden Erdbeben werden offenbar dadurch ausgelöst, daß durch die
Zusatzbelastungen in den unterlagernden Gesteinen hohe Porenwasser-
drucke erzeugt werden, die ihren Scherwiderstand - insbesondere in
Kluftzonen - herabsetzen. In anderen Fällen wurden Erdstöße hervorgerufen, als man beim Verpressen von Abwässern in den Untergrund eine
Verwerfungslinie angetroffen hatte, in der es dann zu leichten Bewegungen gekommen ist (Beispiel: Denver, USA).

5 Eigenschaften und Verhalten der Gesteine aus den verschiedenen geologischen Zeitabschnitten (Systemen)

In der Geologie werden Locker- und Festgesteine nach ihrem Alter geordnet. Die verschiedenen Zeitabschnitte bezeichnet man mit Namen, die international nahezu einheitlich verwendet werden (Tab. 5.1). Die bekanntesten Einheiten sind die Systeme (früher als "Formationen" bezeichnet).

Auch für Bauingenieure hat die Einteilung der Gesteine nach dem Alter Bedeutung, weil nicht nur die Untergliederung der Schichten auf den geologischen Karten nach diesem Prinzip vorgenommen wird, sondern weil die verschiedenalten Gesteine jeweils typische Eigenschaften, die ingenieurgeologisch wichtig sind, aufweisen. Wenn das geologische Alter von Gesteinen bekannt ist oder einer Karte entnommen wird, läßt sich demnach annähernd voraussagen, wie diese ausgebildet sein werden.

Anders als bei Geologen, die üblicherweise entsprechend der Reihenfolge ihrer Bildung bzw. Ablagerung die ältesten Gesteine zuerst behandeln, wird im folgenden mit den obenliegenden, jüngsten begonnen, weil bei ingenieugeologischen Vorhaben am häufigsten von oben nach unten vorgegangen wird.

5.1 Gesteine aus dem Holozän

Im Holozän, vielfach auch als Nacheiszeit bezeichnet, haben sich vor allem gebildet:

    Auenlehm, Sande und Kiese in Talböden
    Hangschutt
    Moor- und Seeablagerungen
    Marschenschlick im Küstenbereich
    Dünensande.

Die Mächtigkeit der holozänen Ablagerungen ist sehr unterschiedlich, z.B. finden sich im Elbtal bei Hamburg etwa 9-10 m Schlick, Sand und Torf. In den Talauen der Bäche in den Mittelgebirgen können sich bis über 5 m Ton, Sand und Kies über festem Fels abgelagert haben, wobei die unteren Teile davon meist in das Pleistozän gehören. In Deutsch-

Tabelle 5.1. Geologische (erdgeschichtliche) Zeittabelle

Alter in Mill. Jahren	Ära	System	Abteilung
(10 Tsd.) 1.8	Känozoikum (Neozoikum)	Quartär	Holozän / Pleistozän
		Tertiär	Pliozän Miozän Oligozän Eozän Paleozän
65	Mesozoikum	Kreide	Obere Kreide Untere Kreide
141		Jura	Malm Dogger Lias
195		Trias	Keuper Muschelkalk Buntsandstein
230	Paläozoikum	Perm	Zechstein Rotliegendes
280		Karbon	Siles Dinant
345		Devon	Oberes Devon Mittleres Devon Unteres Devon
395		Silur	Oberes Silur Unteres Silur
435		Ordovicium	Oberes Ordovicium Unteres Ordovicium
500		Kambrium	Oberes Kambrium Mittleres Kambrium Unteres Kambrium
570	Proterozoikum (Algonkium)	"Präkambrium"	
ca. 2600	Archaikum (Azoikum)		
ca. 3600	vorgeologische Zeit		
ca. 4600			

land sind die holozänen Sedimente in der Regel sehr locker gelagert.
Vor allem in Talebenen ist infolge von Flußverlegungen die Ausdehnung
und Mächtigkeit der einzelnen Schichten sehr unterschiedlich (z.B.
schnelles Auskeilen von Kieslagen). Flußschotter und -sande enthalten
nicht selten Holz- und Stammreste (sog. "Mooreichen"), die einen Kies-
abbau erschweren können.

Bei Gründungen von größeren Bauwerken in holozänen Ablagerungen
ist mit folgenden Schwierigkeiten zu rechnen: Untergrund sehr locker,
Gefahr von Setzungen durch torfige Zwischenlagen, oft betonaggressives
Grundwasser (reichlich organische Substanz, deswegen saure Reaktion).
Üblicherweise wird in holozänen Lockergesteinen auf Pfählen oder Stän-
dern gegründet, die bis auf die Schichten des Pleistozäns oder noch
älterer Zeitabschnitte hinabreichen. In anderen Fällen werden die holozänen Lockergesteine ausgekoffert. Dieses hat man z.B. bei Straßenbau-
arbeiten im Marschgebiet an der Nordseeküste bis zu Tiefen von etwa
9 m durchgeführt. Ungünstig ist zumeist die Gründung eines Bauwerkes
teils auf Fels, teils auf Holozän-Ablagerungen (z.B. Auenlehm), weil
diese zu Setzungen neigen und damit Rißbildungen im Bauwerk möglich
werden (vgl. Kap. 3.6).

5.2 Gesteine aus dem Pleistozän

Gesteine aus dem Pleistozän, das durch einen mehrfachen Wechsel von
Kalt- bzw. Eiszeiten und Warmzeiten gekennzeichnet war, haben eine
große Bedeutung vor allem in Norddeutschland und im Voralpenland. In
Norddeutschland erreichen die pleistozänen Sedimente örtlich Mächtigkeiten von mehr als 400 m.

Es handelt sich um folgende Arten von Lockergesteinen: Kiese und
Sande sind in den Tälern verbreitet, daneben in Flächen, die aus
Schmelzwasserablagerungen bestehen. Insgesamt stellen sie meist einen
guten, tragfähigen Baugrund dar, allerdings können sie Torflagen und
Holzreste enthalten. Beim Abgraben machen sich sehr selten harte, karbonatische Verkittungen/Zementierungen bemerkbar, wie sie z.B. örtlich
in Flußkiesen im südlichen Niedersachsen auftreten.

Geschiebemergel und -lehme zeichnen sich durch eine stark wechselnde
Zusammensetzung aus, vor allem die Zahl und Größe der Geschiebe ist
sehr unterschiedlich. Beim Ausheben von Baugruben und Einrammen von
Pfählen können diese stören. Es gibt Fälle, wo Geschiebe nicht als
solche erkannt, sondern fälschlicherweise als Oberkante des Felsunter-
grundes angesehen wurden. Als Baugrund sind Geschiebemergel und -lehme

meist gut geeignet, wobei sich günstig auswirkt, daß sie durch Eisdruck oft vorbelastet und damit verdichtet worden sind (vgl. Kap. 3.5).
Wegen des meist hohen Wassergehaltes von Geschiebelehmen kann dieser
allerdings zu Frosthebungen neigen, was bei Gründungen zu beachten ist.

Löß hat trocken eine gute Tragfähigkeit, bei Wassersättigung neigt
er aufgrund seiner Korngröße (Schluff-Bereich, vgl. Kap. 3.5) zu Rutschungen und Setzungen. Bei Gründungsvorhaben in Löß sind deshalb
gründliche bodenmechanische Voruntersuchungen nötig.

Insgesamt lagern die pleistozänen Lockergesteine horizontal, können
aber örtlich verfaltet, gestaucht oder verschuppt sein. Dieses hat
nichts mit Gebirgsbildung zu tun, sondern geht auf Druck von Gletschern
oder Inlandeismassen zurück. Innerhalb der pleistozänen Lockergesteine
muß deshalb immer damit gerechnet werden, daß ihre Zusammensetzung sich
auf kürzeste Entfernungen ändert. Auch eine Zerklüftung, die entstand,
als die hart gefrorenen Gesteine vom Eis gedrückt und deformiert wurden,
kann in pleistozänen Lockergesteinen ausgebildet sein. Sie ist heute
vielfach kaum noch zu erkennen, zeigt sich aber bei bodenmechanischen
Untersuchungen an relativ geringen Scherfestigkeiten.

5.3 Gesteine aus dem Tertiär

Aus der Tertiär-Zeit stammen einerseits Sande und Tone und andererseits
Basaltgesteine. Die Sande und Tone weisen folgende Besonderheiten auf:
Einlagerungen von Braunkohlenflözen mit sehr unterschiedlichen, z.T.
auch großen Mächtigkeiten, sowie Auftreten von harten, verkieselten
Bänken. Die Braunkohlen wurden früher vor allem in Hessen in vielen
kleinen Gruben abgebaut, die unregelmäßig verfüllt wurden und inzwischen nicht ohne weiteres zu erkennen sind.

Insgesamt haben die Sedimentgesteine aus der Tertiär-Zeit in der
Bundesrepublik Deutschland nur gebietsweise eine größere Verbreitung
(z.B. in der Umgebung von Mainz).

Die Basalte aus dem Tertiär treten in geschlossenen Arealen (z.B.
Vogelsberg, Westerwald, Kaiserstuhl) oder als Einzelstiele auf. Die
letztgenannten sind z.B. im Gebiet zwischen Kassel und Marburg oder
im Hegau häufig; wegen der Festigkeit der Basaltgesteine sind sie oft
als Berge herausgewittert.

5.4 Gesteine aus dem Mesozoikum

Typische Gesteine der jüngeren Kreidezeit sind Kalksteine, besonders
in Form der sog. Schreibkreide; typische aus der älteren Kreidezeit
sind Ton- und Sandsteine.

Die Jura-Gesteine bestehen im oberen Teil zumeist aus Kalksteinen
(weißer Jura oder Malm), im mittleren aus Sandsteinen, Tonsteinen und
Eisenerzen (brauner Jura oder Dogger) und im unteren aus dunklen Ton-
und Mergelsteinen (schwarzer Jura oder Lias). Bautechnisch zu beachten
sind Karsterscheinungen in den Kalksteinen des oberen Juras (vor allem
in der Schwäbischen und Fränkischen Alb) und die starke Rutschgefähr-
dung verschiedener Tongesteine (vor allem der sog. Ornatenton im oberen
und der sog. Opalinuston im unteren Dogger sowie allgemein im Lias.).

Die Gesteine der Trias-Zeit lassen eine typische Dreigliederung erkennen: der obere Teil besteht zumeist aus braunen Sand- und Tonsteinen
(Keuper), der mittlere überwiegend aus grauen Kalksteinen (Muschelkalk) und der untere aus roten Sand- und Tonsteinen (Buntsandstein).
Bei Bauvorhaben kritisch sind folgende Horizonte: der mittlere Keuper
(kann Sulfatgesteine enthalten, die zur Auslaugung und Verkarstung
neigen), der mittlere Muschelkalk (ebenfalls teilweise mit Einlagerungen von Sulfat- und Salzgesteinen) sowie der unterste und oberste
Buntsandstein (überwiegend tonig ausgebildet; im obersten Buntsandstein sind auch Salz- und Sulfatgesteine möglich).

5.5 Gesteine aus dem Paläozoikum und Präkambrium

Erhebliche Bedeutung haben die Gesteine aus dem obersten Paläozoikum,
der Zechstein-Zeit, weil sie als Salz-, Sulfat- oder Karbonatgesteine
ausgebildet sind. Vor allem die Salzgesteine haben im Untergrund Nord-
westdeutschlands eine große Verbreitung. Reichen sie in Form von Salzstöcken bis an oder nahe an die Erd-Oberfläche, kommt es zu Auslaugungen, Senkungen und Erdfällen (vgl. Kap. 3.6 und 4.3). Gips- und Anhydrit-Gesteine des Zechsteins, die diese Erscheinungen zeigen, bilden
z.B. die westliche und südliche Umrandung des Harzes. Insgesamt sind
Gesteine des Zechsteins als unsicherer Baugrund anzusehen.

Alle übrigen Gesteine des Paläozoikums und Präkambriums, so ver-
schiedenartig sie auch ausgebildet sind, können meist als relativ
günstiger Baugrund eingestuft werden. Es handelt sich um sedimentäre,
magmatische und metamorphe Festgesteine. Zu beachten sind nur Bereiche,
in denen Kalksteine mit Verkarstungserscheinungen (vgl. Kap. 4.3)

größere Flächen einnehmen (besonders Kalksteine des Mittel- und Ober-
devons, z.B. im Bergischen Land); ebenso die Gebiete, in denen Bergbau mit seinen oft zugeschütteten Grubenbauten umgeht oder umgegangen
ist (z.B. Ruhrgebiet, Siegerland, Lahn-Dill-Gebiet, Schwarzwald).

6 Geologische Probleme beim Talsperren-, Tunnel- und Kavernenbau

6.1 Staubecken und Talsperren

Staubecken und Talsperren werden angelegt zur Regulierung des Wasserhaushalts, zur Trinkwasserspeicherung und zur Stromerzeugung. In Deutschland werden Talsperren überwiegend nach wasserwirtschaftlichen Gesichtspunkten betrieben; Strom kann nur dann erzeugt werden, wenn genügend Wasser zur Verfügung steht. Um Strom auch zu sog. Spitzenzeiten bereitstellen zu können, werden Talsperren zunehmend mit Pumpspeicherwerken kombiniert. Diese füllt man bei Wasser- und Stromüberschuß, um damit in Bedarfszeiten elektrische Generatoren anzutreiben.

Besondere Anforderungen an den geologischen Untergrund stellen die Abschlußbauwerke von Talsperren. Sie werden als Mauer (Gewichts- oder Bogenmauer) oder Damm (zumeist Steindamm) ausgeführt. Geologische Fragestellungen treten außerdem im Zusammenhang mit der Dichtigkeit des Stauraumes selbst, mit der Bereitstellung von geeignetem Dammschüttmaterial und bei der Verlegung von Verkehrswegen (Anlage neuer Trassen, eventuell mit Einschnitten oder sogar Tunneln) und Ortschaften (z.B. Wasserbeschaffung) auf.

6.1.1 Abschlußbauwerk (Sperrstelle)

Für die Errichtung eines Abschlußbauwerkes sind sorgfältige ingenieurgeologische Untersuchungen erforderlich, insbesondere über die Art der vorhandenen Gesteine, ihre Lagerungsverhältnisse und ihren Verwitterungszustand. Der Verlauf von Kluftsystemen und von Verwerfungen/Störungen muß festgestellt werden; Gesteine, die Hohlräume enthalten oder in denen sich welche bilden könnten (Kalk-, Dolomit-, Gips- oder Anhydrit-Gesteine), müssen besonders beachtet werden. In der Regel sind zahlreiche Kernbohrungen erforderlich, wobei in Festgesteinen außer einer detaillierten Auswertung der Bohrkerne eine Überprüfung der Zerklüftung des Untergrundes erfolgt (Einpressen von Wasser, Fernsehsondierungen). Üblicherweise standfest und undurchlässig sind viele magmatische Gesteine (z.B. Granit, weniger Basalt); von den Sedimentgesteinen die meisten Sand- und Tonsteine sowie von den metamorpen Gesteinen Gneise und Glimmerschiefer.

Der Bau einer Mauer bietet sich an, wenn das Tal vergleichsweise eng ist und an der Sperrstelle aus festem, undurchlässigem Fels besteht. Dämme werden in breiten Tälern und nicht ganz idealen Untergrundverhältnissen (z.B. Möglichkeit geringfügiger Setzungen) gebaut. Sie werden vielfach auch deshalb bevorzugt, weil in den Tälern häufig Verwerfungen verlaufen. Diese sind in Mitteleuropa zwar meist nicht mehr aktiv, stellen aber Schwächezonen dar, an denen schon durch das Gewicht eines Abschlußbauwerkes leichte Verschiebungen oder Vertikalbewegungen ausgelöst werden können. In Erdbeben-gefährdeten Gebieten sollten grundsätzlich keine Talsperren errichtet werden.

Die unter dem Abschlußbauwerk anstehenden bzw. vorhandenen Locker- und/oder Festgesteine dürfen weder zu größeren Setzungen neigen noch wasserdurchlässig oder ausspülbar sein. Eine Unterbrechung der Wasserzirkulation unter dem Abschlußbauwerk ist besonders wichtig, weil es leicht zu hydraulischen Grundbrüchen auf der Luftseite des Abschlußbauwerkes kommt, wenn der vom Stauraum ausgehende hydraulische Druck nicht abgehalten wird.

Ungünstige Gesteine von geringer Mächtigkeit können entfernt (ausgekoffert) werden, in den meisten Fällen sind aber Abdichtungsmaßnahmen (Betonmauern = "Schürzen", Schlitzwände und/oder Injektionen mit Zementmilch, Wasserglas o.ä.), erforderlich, die bis zu festen und undurchlässigen Schichten herabgeführt werden und somit den geologischen Strukturen bis zu Tiefen von 100 m und mehr folgen müssen (Abb. 6.1). Dabei ist zu bedenken, daß sehr poröse oder mürbe Gesteine (z.B. Talauenkiese oder Festgesteine, die stark vergrust oder zerklüftet

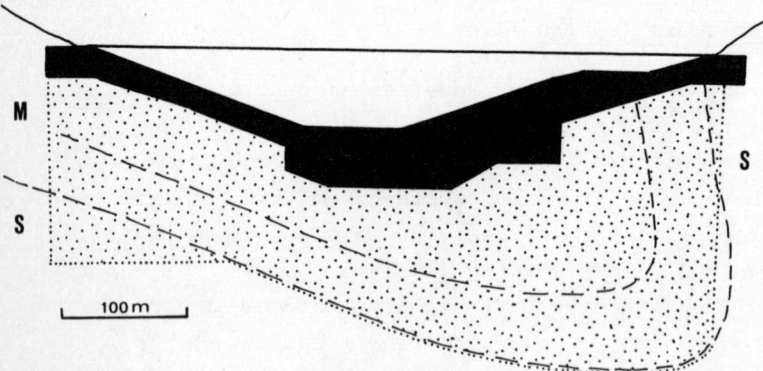

Abb. 6.1. Querprofil der Untergrund-Abdichtung an der Henne- Talsperre bei Meschede/ Sauerland. Die Begrenzungen der Betonschürze (schwarz) und des Dichtungsschleiers (punktiert) folgen den gefalteten Schichten (Schichtflächen gestrichelt). M = wasserdurchlässiger Mergelstein; S = wasserundurchlässige Schiefer. Nach einer Druckschrift des Ruhrtalsperrenvereins (1955)

sind) sich durch Zementeinpressungen meist nicht ausreichend abdich-
ten lassen.

Eine andere Möglichkeit der Abdichtung eines Talsperren-Abschluß-
bauwerkes ist die sog. Wannendichtung mit einer Kunststoff-Folie. Sie
wird vom Fuß des Abschlußbauwerkes um mehrere Zehner von Metern auf
dem Boden des Stauraumes in diesen hineingezogen. Dabei muß allerdings
gewährleistet sein, daß die Dichtung sich nicht von ihrem Untergrund
löst (etwa durch einströmendes Grundwasser oder Bodengase) und danach
leicht zerstört wird.

6.1.2 Stauraum

Der Stauraum muß, damit eine Talsperre ihren Zweck erfüllen kann,
dicht sein. Auslaugungsgefährdete oder verkarstete Gesteine sollten
deshalb nicht im Bereich des Stauraums vorkommen, ebensowenig größere
Verwerfungs- oder Störungszonen. Kleinere undichte Stellen können
durch das Aufbringen von Ton- oder Lehmschichten versiegelt werden.
Die Talhänge des späteren Stauraums dürfen keine Gesteine enthalten,
die bei Vollstau aufweichen, wodurch Rutschungen oder Felsstürze ausgelöst werden könnten. Auch Spuren einer früheren Bergbautätigkeit
sind zu beachten, weil oft alte Pingen oder kleine Schächte nur not-
dürftig verfüllt worden sind und somit mögliche Leckstellen darstellen.

Einige Talsperren enthalten an den Einmündungen des Hauptflusses
und der Nebenbäche sog. Vordämme. Diese ermöglichen es, starke Schwankungen im Wasserstand des Staubeckenendes auszugleichen; darüberhinaus
fangen sie Kies, Sand und Ton, die von den Wasserläufen in das Becken
hineintransportiert werden, ab. Das kann in außereuropäischen Gebieten
mit geringer Vegetation wichtig sein, weil dort der Materialtransport
der Flüsse zeitweise wesentlich größer ist als in Deutschland. Auch
Vordämme erfordern einen dichten, d.h. wasserundurchlässigen Untergrund.

6.1.3 Baumaterial

Die bei der Anlage eines Abschlußbauwerkes erforderlichen großen Mengen
Baumaterial sollten möglichst in seiner Nähe bereitgestellt werden, um
größere Transportwege und damit Kosten zu vermeiden. Bei Mauern werden
vor allem Sande, Kiese und gebrochene Natursteine als Betonzuschläge
benötigt, bei Dämmen insbesondere Schüttmaterial. In allen Fällen dürfen die Kieskomponenten oder zum Brechen vorgesehene Festgesteine nicht
zersetzbar (z.B. weiche Tongesteine oder Gips) oder plattig-schiefrig
sein (ungünstige Eigenschaften als Betonzuschlag, weil schlecht einzu-
rütteln oder zu verdichten). Wenn das Dammschüttmaterial im Stauraum

selbst gewonnen wird, kann dieser damit noch geringfügig vergrößert werden.

6.2 Tunnel und Stollen

Am Beginn jedes Tunnel- oder Stollenbauprojektes muß eine sorgfältige geologische Detailkartierung stehen, welche die Grundlage eines nachfolgenden Bohrprogramms bildet. In der Regel müssen die Bohrungen als Kernbohrungen ausgeführt werden, weil nur so Zusammensetzung und Lagerungsverhältnisse der zu durchörternden Gesteine genau zu ermitteln sind. Die Bohrungen sollten immer etwas tiefer hinunterreichen, als die spätere Tunnel- oder Stollensohle projektiert ist. Die ingenieurgeologische Untersuchung muß u.a. folgende Punkte zum Inhalt haben:

a) Art, Mächtigkeit und Lagerungsverhältnisse der Gesteine
b) Härte, Zerklüftung und Standfestigkeit der Gesteine
c) Wasserverhältnisse (Grundwasser, Kluftwässer)
d) Vermeidung von evtl. Rutschungen/Felsstürzen an den Mundlöchern.

Wenn Voraussagen unsicher sind, ist dieses im Untersuchungsbericht deutlich anzugeben.

Wo verschiedenartige Gesteine auf engem Raum miteinander wechseln, ist nicht immer die kürzeste Tunnelstrecke die günstigste. Am besten zu durchörtern sind massige und dickbankige Gesteine (z.B. Granit, Sandstein), weniger gut solche, die stark zerklüftet und geschiefert sind. Liegen die Hauptabsonderungsflächen annähernd horizontal (söhlig), besteht die Gefahr, daß große Platten von der Firste herabbrechen können (im Bergbaubetrieb als sog. "Sargdeckel" bezeichnet). Die Stollenachse sollte möglichst etwa senkrecht zu den Hauptabsonderungsflächen verlaufen, weil dann der sog. Mehrausbruch am geringsten ist (Abb. 6.2). Keine Tunnelstrecke läßt sich in Festgesteinen ohne Mehrausbruch auffahren, es sollte aber darauf geachtet werden, diesen so gering wie möglich zu halten (Abb. 6.3). Nicht selten kommt es zu nachträglichen Meinungsverschiedenheiten darüber, ob der Mehrausbruch "geologisch bedingt", d.h. im wesentlichen unvermeidlich war oder mehr auf unsachgemäße Arbeitsweise zurückgeht. Die Vortriebsarbeiten müssen ständig an die wechselnden Gebirgsverhältnisse angepaßt werden, besonders dann, wenn diese sich als anders erweisen, als nach den Voruntersuchungen vermutet worden war.

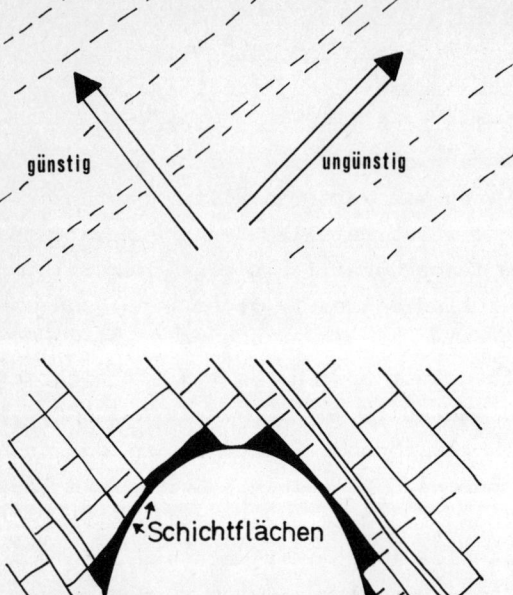

Abb. 6.2. Berücksichtigung der Hauptabsonderungsflächen (Schicht-, Schie-
ferungs- oder Kluftflächen, gestrichelte Linien geben deren Streichrichtung an) bei der Festlegung von
Vortriebsrichtungen von Tunneln/
Stollen; Aufsicht

Abb. 6.3. Mehrausbruch (schwarz) beim
Auffahren eines Tunnels, entsprechend
den Ablösungsflächen im Gestein

Ab etwa 150 m Tiefe macht sich in Tunneln und Stollen der Druck der
überlagernden Gesteine bemerkbar: tonige Gesteine neigen dann dazu, in
den Tunnelhohlraum hineinzudrücken, bei Festgesteinen kann es zu Ab-
platzungen kommen. In gefalteten Schichten ist der Gebirgsdruck in
einem Tunnel, der durch einen Sattel hindurchläuft, geringer als bei
einem in Muldenposition (Abb. 6.4). Bei letztgenanntem ist deshalb
die Gefahr von Firsteinbrüchen größer.

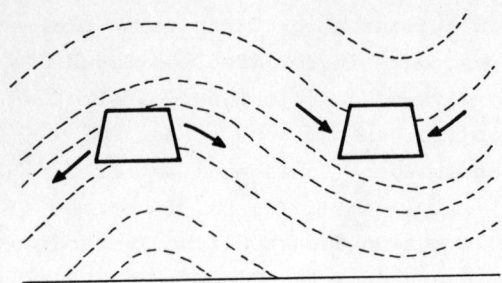

Abb. 6.4. Wasserzuflüsse und hoher Gebirgsdruck bei Muldenposition, Trocken-
heit und geringer Gebirgsdruck bei Sat-
telposition von Tunneln in gefalteten
Festgesteinen. Pfeile = Druck- bzw.
Fließrichtung

Sehr zu beachten ist beim Tunnelvortrieb die Wasserführung der Gesteine. In Lockergesteinen muß das Grundwasser gegebenenfalls durch

Abpumpen abgesenkt werden. In Felsgesteinen zirkulieren Wässer auf Schichtflächen, Klüften und Verwerfungen, wobei in Muldenpositionen die Zuflüsse größer als in Sattelpositionen sind (Abb. 6.4). Besonders Verwerfungen können stark wasserführend sein; nicht selten kommt es zu großen, teilweise auch katastrophalen Einbrüchen von Wasser und Schlamm, wenn Verwerfungen angefahren werden. Das gleiche ist bei verkarsteten Felsgesteinen möglich, wenn sie wassergefüllte Hohlräume enthalten. Häufig kündigt sich eine wassergefüllte Zone beim Vortrieb dadurch an, daß die Temperatur im Tunnel deutlich steigt oder fällt.

Manche Sicker- oder Kluftwässer sind aggressiv gegen Beton und Mauerwerk, weil sie schädliche Bestandteile enthalten, welche überwiegend aus den umgebenden Gesteinen herausgelöst wurden. Es handelt sich z.B. um Beimengungen von Schwefelsäure (Herkunft des Schwefels aus Anhydrit, Gips oder Schwefeleisen: allgemein zerstörende Wirkung), von Na- und/oder Mg-Sulfaten (Herkunft aus umgebenden Gesteinen: führen in Kalksteinen, Mörtel und Beton zur Bildung von Gips unter gleichzeitiger Quellung und Zerstörung) und von Kohlendioxid (Herkunft aus Luft und Niederschlägen: führt in Kalksteinen, Mörtel und Beton zu Herauslösungen nach der Gleichung $CaCO_3 + CO_2 + H_2O = Ca[HCO_3]_2$).

Durch Tunnel oder Stollen können auch oberirdische Wasserläufe beeinträchtigt werden, insbesondere im Bereich von verkarsteten Karbonat- und Sulfatgesteinen. Wenn Quellen und Bäche von unten angezapft werden, führt das zu Wasserverlusten oder sogar zum Versiegen. Seen sind insgesamt weniger gefährdet, weil sie am Boden meist durch Ton und Schlamm abgedichtet sind. Wenn zu befürchten ist, daß geplante Tunnel oder Stollen Oberflächenwässer beeinflussen werden, sollten vorbeugend 1-2 Jahre vor Baubeginn alle Wasserläufe und Quellen in der Umgebung der späteren Baustelle überwacht und gemessen werden (Schüttungsmenge und Zusammensetzung der Wässer mit Schwankungen) - schon, um Unterlagen für mögliche spätere Regreßansprüche bereitzustellen.

In seltenen Fällen kommt es beim Auffahren von Tunneln und Stollen auch zu Austritten von Gasen: insbesondere in der Nähe von Sprudel- und Mineralquellen kann erstickend wirkendes Kohlendioxid austreten oder in Steinkohlen-Gebieten Methan freigesetzt werden, das bei ungünstigen Verhältnissen Explosionen auslöst (schlagende Wetter der Bergleute).

Bei der Anlage von tiefen Tunneln müssen auch mögliche Temperatur-Erhöhungen berücksichtigt werden. In den obersten 20-30 m der Erdkruste besitzen die Gesteine etwa die Jahresmittel-Temperatur (in Deutschland ca. 7-10°), darunter steigt sie etwa um 3° auf 100 m Tiefenzunahme an. In Bereichen, wo die Erdkruste noch aktiv ist (insbesondere Gebiete

mit Vulkan- und Erdbebentätigkeit) kann die sog. geothermische Tiefen-
stufe bis mehr als dreifach kleiner sein, die Temperatur nimmt dann
zur Tiefe hin wesentlich stärker zu (teilweise mehr als 10° auf 100 m).
Derartige Bereiche gibt es in Deutschland z.B. in der Eifel, im Gebiet
um Urach/Baden-Württemberg und bei Landau/Pfalz. In anderen Teilen der
Erde, besonders denen mit metamorphen Gesteinen des Präkambriums (vgl.
Tab. 5.1), ist die Zunahme der Temperatur niedriger als der Mittelwert.
Bei normaler oder erhöhter Temperaturzunahme werden bei Tunneln im
Gebirge beachtlich hohe Wärmewerte erreicht (z.B. Simplon-Tunnel in
den Schweizer Alpen: unter 2100 m überlagerndem Gestein ca. 55°).

6.3 Kavernen

Der Bau von unterirdischen Kavernen hat in letzter Zeit stark an Bedeutung gewonnen. In Norddeutschland gibt es inzwischen mehrere Salzkavernen, die in den aus dem tieferen Untergrund aufragenden Salzdomen
und -stöcken angelegt wurden. Bei den Salzen handelt es sich um ehe-
malige Meeresablagerungen, sie sind aufgrund ihrer gegenüber den anderen Gesteinen vergleichsweise geringeren Dichte und höheren Mobilität
im Laufe von vielen Jahrmillionen hochgestiegen bzw. hochgepreßt worden. Im Untergrund von Nordwestdeutschland gibt es mehr als 200 Salzstöcke. Salze sind undurchlässig gegen Gas und viele Flüssigkeiten.
Die Kavernen werden hauptsächlich zur Einlagerung von Rohöl benutzt
(z.B. in der Nähe von Wilhelmshaven). Die erforderlichen Hohlräume
wurden durch Ausspülen (Aussolung) erzeugt (Abb. 6.5).

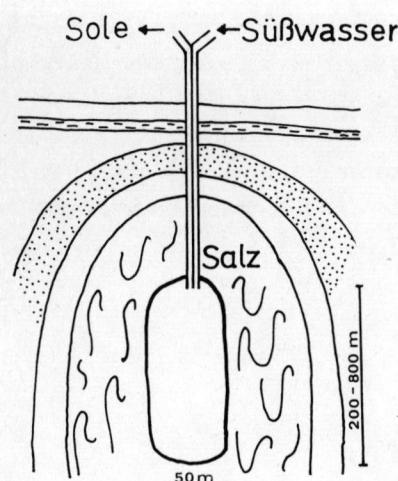

Abb. 6.5. Schema einer Aussolungskaverne in einem
Salzstock

Stark diskutiert wird gegenwärtig eine mögliche Endlagerung von radioaktiven Abfallprodukten in Salzkavernen des Salzstocks von Gorleben/Niedersachsen. Hier kommt es darauf an, durch intensive und genaue Untersuchungen (vor allem Bohrungen) festzustellen, ob dieser Salzstock Bereiche enthält, die als absolut homogen, dicht und insofern als geeignet für Kavernen mit extrem langer Lebensdauer anzusehen sind.

Außer im Salz werden Kavernen in Felsgesteinen angelegt, besonders in massigen bis dickbankigen Gesteinen. Eine große Felskaverne mit gewaltigen Dimensionen (30 × 120 m Grundfläche, 45 m hoch) wurde 1971/72 nach umfangreichen ingenieurgeologischen und felsmechanischen Voruntersuchungen bei Waldeck/Hessen angelegt, um die Maschinenanlagen für das Pumpspeicherwerk Edersee aufzunehmen. Bei den Gesteinsschichten, in denen die Kaverne ausgebrochen wurde, handelt es sich im eine regelmäßige Wechselfolge von Grauwacken, Sandsteinen und Tonsteinen.

Eine neue Entwicklung beim Bau von Gas-Kavernen (sowohl in Salzstöcken als auch in Felsgesteinen) besteht darin, daß nach dem Prinzip eines Pumpspeicherwerkes das Gas unter Druck eingelagert wird, um in Spitzenzeiten zusätzlich Energie durch Druckentlastung zu gewinnen. In den USA baut man Felskavernen, in die während der Nacht mit Überschuß-Strom normale Luft hineingepreßt und am Tage wieder freigesetzt wird, um Strom-Generatoren zu betreiben. Zweifellos stellt der zusätzliche, vielfach wechselnde Druck sehr hohe Anforderungen an die Festigkeit einer Fels- oder Salzkaverne, so daß sorgfältige und langwierige ingenieurgeologische Voruntersuchungen erforderlich sind.

Kavernen leiten über zu Untertage-Speichern (z.B. Erdgasspeicher Engelbostel bei Hannover). Hierbei wird im Untergrund kein Hohlraum geschaffen, sondern die natürliche Porosität von lockeren oder verfestigten Speichergesteinen ausgenutzt. Die in den Poren des Gesteins vorhandene Luft wird ausgetrieben und durch Gas ersetzt. Wenn derartige Speichergesteine von undurchlässigen Schichten umgeben sind (z.B. in einer sattelförmigen Faltenstruktur), entsteht ein natürlicher Behälter, aus dem die eingelagerten Gase bei Bedarf wieder entnommen werden können.

7 Fest- und Lockergesteine als Baumaterial

7.1 Erkundung und Abbau von Naturstein-Vorkommen

Die Frage, ob der Abbau eines Naturstein-Vorkommens neu begonnen, fortgesetzt oder eingestellt werden soll, hängt u.a. von folgenden Faktoren ab:

a) Lage des Vorkommens zu vorhandenen Verkehrswegen (Straße, Bahn, Wasserwege)

   Bei relativ geringwertigen Massengütern wie Splitt oder Kies erreichen bereits bei Entfernungen von etwa 20 km die Transportkosten oft den Wert des Materials. Transporte über weite Entfernungen kommen deshalb meist nicht infrage. Bei hochwertigen Werk- und Ornamentsteinen sind - besonders bei niedrigen Abbaukosten - wesentlich weitere Lieferwege möglich und üblich. So werden z.B. Werkstein-Rohblöcke aus Südafrika in die Bundesrepublik transportiert, um hier weiter verarbeitet zu werden.

b) Art und Größe des Vorkommens selbst

   Hierzu gehören z.B. auch folgende Parameter: Art und Mächtigkeit des Abraums, mögliche Fremdgesteinseinschlüsse und - einlagerungen (z.B. Nester von Tuff in Basalt), Wasserverhältnisse.

   Liegen geschichtete oder geschieferte Gesteine vor, sollte der Abbau weder mit dem Einfallen der Ablösungsflächen (Gestein schwer herauslösbar, hoher Sprengstoff-Verbrauch) noch gegen dieses (Gefahr des Abrutschens von großen Blöcken), sondern in deren Streichen erfolgen (Abb. 7.1). Wenn möglich, werden Steinbrüche mit der Öffnung nach N angelegt, damit das Gestein länger "bergfeucht" und damit leichter bearbeitbar bleibt (geringerer Sprengstoff-Verbrauch). Manchmal kann beim Auffahren eines Steinbruchs die gewünschte Ausrichtung nicht gleich erreicht werden; in solchen Fällen muß versucht werden, bei fortschreitendem Abbau die Bruchwand entsprechend zu schwenken.

c) Petrographische und bautechnische Eigenschaften des Gesteinsmaterials (s.u.) und

d) Anwendung einer wirtschaftlichen Abbaumethode.

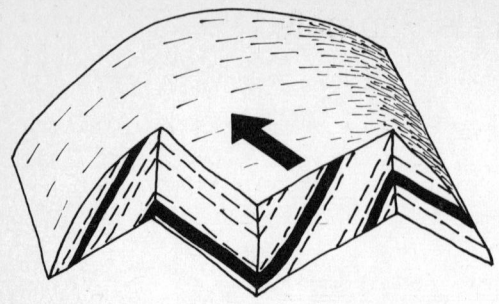

Abb. 7.1. Abbau von Natursteinen unter
Berücksichtigung der Hauptabsonderungs-
flächen, insbesondere Schichtflächen.
Vortrieb möglichst im Streichen dieser
Flächen (Pfeilrichtung)

Am Anfang jedes Abbauvorhabens sollte eine genaue Erkundung mit
geologischer Begutachtung stehen, die vergleichsweise nicht sehr kost-
spielig ist. Grundlagen hierfür sind die DIN-Normen 52 101 (Probennah-
me), DIN 52 106 (Beurteilung der Verwitterungsbeständigkeit von Natursteinen) und Teile der RG Min (Richtlinien zur Güteüberwachung von
Mineralstoffen = Vorschriften für eine kombinierte Eigen- und Fremd-
überwachung).

Natursteine werden heute meist in Großbetrieben abgebaut. Lösen
und Hereingewinnen erfolgt üblicherweise nach dem Großbohrloch-Spreng-
verfahren, nur bei Werk- und Ornamentsteinen wird nach wie vor nach
verschiedenen Methoden "abgekeilt", d.h. versucht, große Blöcke abzu-
spalten. Hierbei kommt es darauf an, möglichst hochwertiges Gestein
abzubauen, während bei Ausgangsgesteinen für die Herstellung von Schottern oder Splitt eher gleichmäßig ausgebildete gute, wenn auch nicht
hervorragende Gesteine benötigt werden.

Von geologischer Seite kann man gelegentlich feststellen, daß die
Lage von Naturstein-Abbaustellen eher zufällig ist und von Tradition,
Eigentums- und Grundstücksverhältnissen abhängt, so daß nicht immer
gut geeignete Gesteine abgebaut werden. Es bleibt unverständlich, daß
auch heute noch auf eine geologische Beratung und Vorerkundung manchmal verzichtet wird, obwohl das Gestein selbst als Grundlage eines
späteren Steinbruchbetriebes mit höchster Sorgfalt ausgesucht werden
sollte.

7.2 Ornament- und Fassadensteine und deren Verwitterung

Während für Mauerwerk teilweise Bruchsteine verwendet werden, erfolgt
bei den meisten Werksteinen eine weitere zusätzliche Bearbeitung: Spalten, Sägen, Schleifen und Polieren. Grobes Vorschleifen wird als "Schu-

ren" bezeichnet. Durch die Glättung der Oberfläche wird nicht nur die
Farbwirkung des Gesteins verbessert, sondern auch die Verwitterungsbeständigkeit erhöht. Eine polierte Gesteinsoberfläche, die sich mit der
Hand glatt anfühlt, zeigt unter dem Mikroskop immer noch ein Relief
mit Erhebungen (härtere Mineralkörner) und Vertiefungen (weichere
Mineralkörner). Voraussetzung für eine wirkungsvolle und gute Politur
ist deshalb, daß das Gestein sich aus Mineralen zusammensetzt, die
untereinander keine extrem großen Härteunterschiede aufweisen.

Im Steinmetzgewerbe sind einige besondere Bezeichnungen üblich:
Alle polierbaren Kalksteine werden "Marmor" genannt (in der Geologie
und Mineralogie nur die durch Metamorphose veränderten Kalksteine,
vgl. Kap. 4.1). Die wichtigsten Verfahren zur Oberflächenbearbeitung
haben folgende Namen (Abb. 7.2):

Scharierung (parallele Riefen, üblich seit dem 17. Jahrhundert)

Stockung   (fein punktierte Oberfläche, üblich seit dem 18. Jahr-
            hundert)

Krönelung   (grob punktierte bzw. geriefte Oberfläche, etwa seit
            1850).

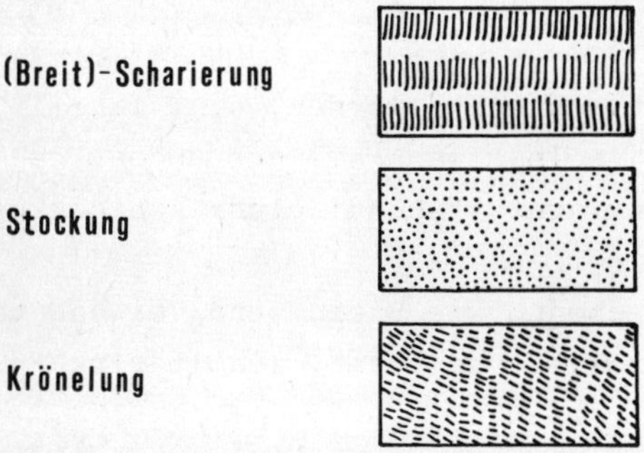

(Breit)-Scharierung

Stockung

Krönelung

Abb. 7.2. Die wichtigsten Arten der
Werkstein-Bearbeitung

Vor allem Kalksteine werden vielfach in der Nähe des Abbauortes be-
arbeitet, weil im "bergfeuchten" Zustand das Gestein deutlich weicher
ist. So läßt sich Travertin, ein poröser Kalkstein, frisch wesentlich
leichter sägen als nach seiner Austrocknung.

Werksteine, die im Innenausbau verwendet werden, sind üblicherweise
nur dann verwitterungsgefährdet, wenn sie häufiger mit Wasser in Berüh-
rung kommen (z.B. als Fußbodenplatten). Zu beachten ist allerdings,
daß alle Kalksteine säureempfindlich sind. Bei dem häufig für Fenster-
bänke verwendeten sog. "Treuchtlinger Marmor" (vielfach auch als
"Deutsch Gelb" bezeichnet) verursachen z.B. Flecken von Fruchtsaft mit
seinen schwachen Säuren schon Schäden an der Politur.

An Außenfassaden angebrachte Werksteine unterliegen den selben Verwitterungsprozessen wie Natursteine, die in einer Klippe oder einem Felsen aufragen. Typische Erscheinungsformen der Verwitterung sind Verfärbungen, Absanden oder Bildungen von Krusten/Schalen. Schädlich wirken sich vor allem Feuchtigkeit, Industrie- und Autoabgase (besonders CO_2 und SO_2) sowie Veränderungen des sog. Kleinklimas (in windgeschützten Innenstädten sind die Temperaturen vielfach deutlich höher als im unbebauten Umland) aus. Die Verwitterung von Bauwerken und Denkmälern hat in den Städten in den letzten Jahren sehr stark zugenommen, hauptsächlich infolge der Zunahme des Autoverkehrs. Trotz fortwährender Renovierungsarbeiten sind manche Bauwerke aus dem Mittelalter kaum noch zu erhalten.

Eine genaue Voraussage über die Verwitterungsanfälligkeit von bestimmten Natursteinen ist nicht immer leicht, Beobachtungen an bestehenden Bauwerken müssen unbedingt beachtet werden. Bei Sedimentgesteinen spielt vor allem die Art des Bindemittels eine Rolle. So sind Sandsteine mit tonig-glimmerigen oder auch tonig-kalkigem Bindemittel meist stark verwitterungsanfällig.

Auch fehlerhafte Bauausführung kann die Verwitterung von Natursteinen in Fassaden und Mauern begünstigen:

a) Steine dürfen nicht "auf den Spalt gestellt" werden, d.h. ihre Schicht- oder Schieferungsflächen, selbst wenn sie nur undeutlich ausgebildet sind, dürfen nicht senkrecht stehen (leichtes Eindringen von Niederschlagswasser),

b) nebeneinander eingemauerte Steine ebenso wie Steine und verwendeter Mörtel müssen etwa die gleiche Porosität besitzen, (damit zirkulierende Feuchtigkeit nicht gestaut wird),

c) zwischen Wand und Naturstein-Verblendung muß ein Zwischenraum belassen werden, damit eindringendes Wasser verdunsten kann oder beim Frieren keinen Schaden anrichtet, und

d) die Oberfläche der Gesteine darf nicht durch zu heftige Bearbeitung aufgelockert worden sein (Gefahr von Verwitterungs- und Frostschäden).

Umstritten ist die Verwendung von sog. Steinschutzmitteln (auf silikatischer oder Kunststoff-Basis), mit denen manchmal Natursteine bestrichen bzw. imprägniert werden, um sie vor Verwitterung zu schützen. In einigen Fällen hat man gute Erfolge gehabt, in anderen sind vorhandene Schäden noch verschlimmert worden. Jedes Gestein reagiert anders auf Steinschutzmittel. Bevor diese eingesetzt werden, sollte man sich durch langjährige Voruntersuchungen oder Auswertungen von Erfahrungen an anderen Bauwerken, die aus gleichartigem Gesteinsmaterial bestehen,

davon überzeugen, daß die verwendeten Mittel tatsächlich schützend
wirken und das typische Aussehen des Gesteins nicht verändern. Sehr
problematisch ist in jedem Fall das Überstreichen von Natursteinen mit
bunten Farben, weil nach dem heute verbreiteten Geschmack man die ursprüngliche Farbe der Natursteine erhalten möchte. Dabei ist allerdings zu bedenken, daß diese Vorstellung bei älteren Gebäuden nicht
immer "original" ist, weil man im Mittelalter Wände aus Natursteinen
oft übermalt hatte.

Infolge des vielfältigen geologischen Aufbaus der Bundesrepublik
Deutschland gibt es zahlreiche verschiedene Arten von einheimischen
Natursteinen, die als Werk- und Bausteine verwendet worden sind und
z.T. heute noch werden. Manche historische Innenstadt ist durch Gebäude aus bestimmten Bausteinen, die in ihrer Nähe gebrochen wurden, gekennzeichnet; so z.B. Heidelberg oder Gelnhausen durch den rötlichen
Buntsandstein, Nürnberg durch braune Sandsteine der Keuperzeit. In
Hannover stehen mehrere Gebäude aus gelblich-grauen Sandsteinen der
ältesten Kreidezeit, die im Gebiet Bückeberge-Deister-Osterwald hei-
misch sind. Benachbarte Bauwerke aus den letzten Jahrzehnten bzw. der
Gegenwart zeigen ein wesentlich bunteres Bild, weil die verschiedenartigsten Importgesteine verwendet wurden und noch werden.

7.3 Straßenbau-, Wasserbau- und Zuschlagstoffe und deren Prüfung

7.3.1 Pflaster- und Bausteine

Pflastersteine sind heutzutage vor allem noch als Zierpflaster gefragt.
Für ihre Herstellung eignen sich Gesteine, die gleich-, aber nicht zu
feinkörnig ausgebildet sind. Sehr feinkörnige Gesteine (von Gesteins-
kundlern als "dicht" bezeichnet) bekommen bei Verkehrsbeanspruchung
eine glatte Oberfläche (Politur). Das früher sehr gefürchtete Blau-
basalt-Pflaster ist ein extremes Beispiel.

Bei Basalten besteht außerdem das Problem der sog. Sonnenbrenner:
einige Basaltgesteine neigen dazu, nach wenigen Monaten bis Jahren zu
zerfallen. Es handelt sich um eine Reaktion im Gestein, in deren Verlauf Gesteinsglas und das Mineral Nephelin in andere Minerale übergehen. Auslösend ist das Vorhandensein von Wasser bzw. Feuchtigkeit,
nicht die Strahlen der Sonne. Potentielle Sonnenbrenner-Basalte kann
man daran erkennen, daß sie bei Anwitterung helle Punkte oder Flecken
zeigen. Falls solche nicht zu sehen sind, braucht man als Test Basalt-
Stücke nur einige Stunden in Wasser zu kochen: einwandfreies Gestein
verändert sich nicht, während bei Sonnenbrenner-Typen erste Flecken

erkennbar werden. Früher, als viele Pflastersteine hergestellt wurden,
war die rechtzeitige Erkennung von Sonnenbrenner-Basalten unbedingt
erforderlich; aber auch heute, wo Basaltgesteine überwiegend zu Schottern und Splitt gebrochen werden, müssen starke Sonnenbrenner nach wie
vor ausgeschieden werden.

Bei Pflastersteinen aus Granit können hin und wieder sog. "Wasser-
söffer" auftreten, die ebenfalls zu Verwitterung und Zerfall neigen
und deswegen nicht verwendet werden sollten. Es handelt sich um tektonisch gepreßte Gesteine, in denen vor allem die Feldspat-Minerale
feine, mit bloßem Auge nicht zu erkennende Haarrisse aufweisen. In
diese dringt Wasser ein und ruft Verwitterungs- und Frostschäden
hervor.

Gebrochene Natursteine werden heute vielfach in Form von würfel-
förmigen Blockpackungen verwendet, die mit Maschendraht umhüllt sind,
so z.B. bei Einschnitten im Straßenbau oder als Uferbefestigung. Im
Wasserbau spielen nach wie vor Basaltsäulen eine Rolle, die z.B. an
Uferwänden oder an Sockeln von Deichen eingemauert oder aufgeschichtet
werden. Hierbei nutzt man die sehr hohe Verschleißfestigkeit der Ba-
salt-Gesteine aus.

Als Bruch- und Blocksteine eignen sich die meisten magmatischen
Gesteine (besonders Granite, Basalte, Diabase). Von den Sedimentgesteinen kommen z.B. Grauwacken und einige Kalksteine infrage (z.B. in
Niedersachsen der sog. Korallenoolith aus der oberen Jura-Zeit, der
vor allem im Wesergebirge und im Süntel abgebaut wird).

7.3.2 Splitt und Schotter als Straßenbau- und Betonzuschlag-Material

Für die Verarbeitung zu Splitt und Schotter werden Gesteine verwendet,
die eine hohe Festigkeit und Verwitterungsbeständigkeit aufweisen,
nicht plattig brechen (wie alle gut geschichteten und geschieferten
Gesteine) und rauhe Bruchflächen besitzen (damit eine einwandfreie
Haftung mit Zement oder Bitumina erfolgt). Die Festigkeit der Natursteine wird vor allem durch den Schlagversuch an Schottern und Splitt
(DIN 52 109) überprüft. Daneben können zusätzlich untersucht werden
die Wasseraufnahme (DIN 52 103) und die Frostbeständigkeit (DIN 52 104).
Zusammengefaßt sind die meisten Richtlinien und Güteanforderungen enthalten in der DIN 4226 (Zuschlag für Beton) und/oder dem Merkblatt
über Verwendung und Prüfung von Natursteinen im Straßenbau, herausgegeben von der Forschungsgesellschaft für das Straßenwesen.

Die genannten Prüfverfahren sind unter Materialprüfern nicht ganz
unumstritten, weil es hin und wieder vorkommt, daß bestimmte Gesteine

sich in der Praxis bewähren, obwohl sie z.T. ungünstige Prüfwerte erbringen; auf der anderen Seite aber Gesteine mit guten Prüfergebnissen tatsächlich sich als weniger geeignet erweisen. Derartige Erfahrungen sind für einen Geologen bzw. Gesteinskundler nichts Neues, weil er weiß, wie unterschiedlich Mineralbestand und Gefügeausbildung selbst bei Gesteinen der gleichen Gruppe sein können und wie kompliziert die Beziehungen zwischen Gesteinsausbildung einerseits und technischem Verhalten andererseits sind. Genaue Angaben über die Eigenschaften ganzer Gesteinsgruppen wie z.B. über "den Granit" oder über "den Kalkstein", wie sie im Bauingenieurwesen gelegentlich gemacht werden, sind deshalb sehr problematisch. Unerläßlich bei jeder Prüfung von Natursteinen ist eine gesteinskundlich-petrographische Untersuchung mit dem Polarisations-Mikroskop, welche wichtige Ergänzungen zu den technologischen Untersuchungen erbringt und vielfach die Voraussagen über Eigenschaften und mögliches Verhalten der Gesteine wesentlich ergänzen kann.

Zur Herstellung von Splitt und Schotter werden in der Bundesrepublik Deutschland die verschiedenartigsten Gesteine abgebaut, teilweise mit regionalen Schwerpunkten: z.B. Granite im Schwarzwald, andesitische Gesteine im Saar-Nahe-Gebiet, Basalte im Vogelsberg, in der Rhön und im Westerwald, Diabase im Sauerland und Lahn-Dillgebiet. Kalk- und Sandsteine kommen in verschiedenen Bereichen Deutschlands vor (Abb. 7.3).

7.3.3 Natürliche Lockergesteine (Kies und Sand)

Kies und Sand sind vor allem in Flußtälern verbreitet, wo sie von den Vorfahren der heutigen Wasserläufe abgelagert wurden; daneben in den Gebieten, in denen während der quartären Vereisung von Schmelzwässern mächtige Lockergesteins-Ablagerungen hinterlassen worden sind (nordwestdeutsches Flachland und Alpenvorland). Die Zusammensetzung und damit die Qualität der Kiese hängt von den jeweiligen Liefer- bzw. Einzugsgebieten der Flüsse oder der Gletscher ab: vorherrschend weiche, schiefrige oder plattige Gesteine geben schlechte Kiese ab. Weserkiese sind z.B. durch viele Buntsandstein-Gerölle insgesamt rötlich, Leinekiese durch Kalksteine eher weiß gefärbt. Eine gesuchte Sonderform der Kiese sind Quarzkiese (fast nur noch Quarzkörner als Gerölle), die besonders in der Umgebung von Köln/Bonn vorkommen. Sie sind infolge einer langanhaltenden Verwitterung, die alle Gesteine außer dem widerstandsfähigen Quarz zerstört hat, während der jüngeren Tertiär-Zeit entstanden. Verwendet werden sie hauptsächlich zur Herstellung von Waschbeton-Platten.

64

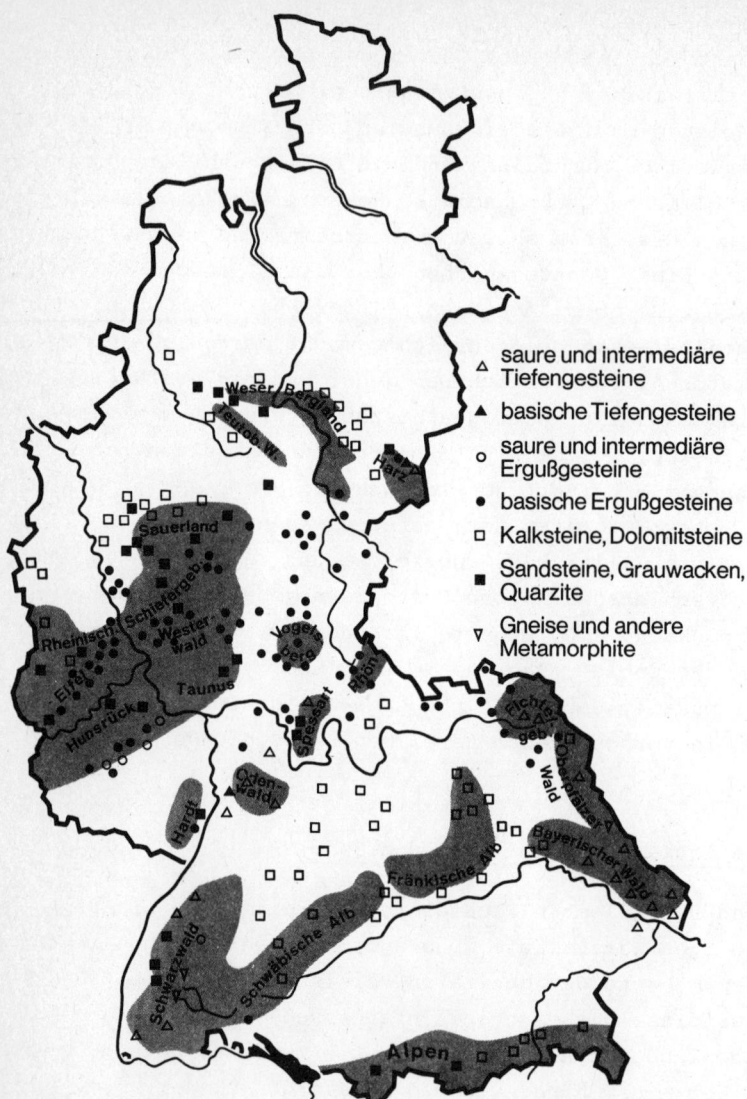

saure und intermediäre
Tiefengesteine

basische Tiefengesteine

saure und intermediäre
Ergußgesteine

basische Ergußgesteine

Kalksteine, Dolomitsteine

Sandsteine, Grauwacken,
Quarzite

Gneise und andere
Metamorphite

Abb. 7.3. Vorkommen von Natursteinen in der Bundesrepublik Deutschland (aus: Natur-
stein - bewährter Baustoff; herausgegeben vom Bundesverband der Naturstein-Industrie
e.V., Bonn 1973)

Einige Kiesvorkommen enthalten Gesteinsgerölle mit Mineralen, die
betonschädliche oder andere ungünstige Eigenschaften besitzen, wodurch
ein weiterer Abbau stark eingeschränkt werden kann. Hierzu gehören:

a) Gerölle mit Konkretionen aus Schwefeleisen (FeS_2, z.B. in einigen
   Quarzkies-Vorkommen in der Umgebung von Köln) oder Siderit ($FeCO_3$,
   z.B. in Leinekiesen möglich): Beide Minerale zersetzen sich bei

Anwesenheit von Wasser, es entstehen Rostflecken und -abläufe sowie in Bitumendecken teilweise auch Zerstörungen.

b) Gerölle mit Opal (amorph erscheinende wasserhaltige Silika, besonders die gelegentlich in Ostholstein vorkommenden sog. Opalsand-
steine oder einzelne, vor allem in Skandinavien verbreitete Feuer-
steine sowie bestimmte Kalksteine in Nordamerika): Opal ruft in
Betonbauten das sog. Alkalitreiben hervor, das zu Rissen und Zerstörungen des Bauwerkes führt.

Zu beachten ist außerdem, daß der Abbau von Kiesvorkommen durch
eingelagerte Holz- und Baumstämme ("Mooreichen") oder karbonatische
Verkittungen (vgl. Kap. 5.2) erheblich gestört werden kann.

Während Sande in der Bundesrepublik Deutschland in verschiedenen
Bereichen in großen Mengen zur Verfügung stehen, sind die Vorkommen
von hochwertigen Kiesen nur noch begrenzt vorhanden. Da diese in
einigen Jahrzehnten erschöpft sein werden, kann man voraussagen, daß
zukünftig die Verwendung von Schotter und Splitt, also gebrochenen
Natursteinen, zunehmen wird.

8 Rohstoffe für die Baustoff- und Keramik-Industrie

Der im Bauwesen wichtige Baukalk (auch Ätz-, Weiß- oder Branntkalk genannt) wird durch Brennen (ca. 1200-1300°C) aus Kalksteinen, seltener auch aus Dolomitsteinen hergestellt. Dabei findet folgende Reaktion statt:

$$CaCO_3 \rightarrow CaO + CO_2 .$$

Durch Wasserzugabe ("Löschen") entsteht dann "Gelöschter Kalk", ein Kalkhydrat:

$$CaO + H_2O = Ca(HO)_2 .$$

Gelöschter Kalk kann wieder in Kalkstein übergehen. Diese Reaktion führt zur Verfestigung von Kalkmörtel:

$$Ca(OH)_2 + CO_2 = CaCO_3 + H_2O .$$

Das für die Aushärtung erforderliche CO_2 wird aus der Luft entnommen. In früheren Jahren, als Kalkmörtel im Bauwesen vorherrschte, hat man zur Beschleunigung des Prozesses in Neubauten Kohleöfen betrieben, die zusätzlich CO_2 produziert und zugleich die entstehende Feuchtigkeit abgetrocknet haben.

Für die Herstellung von Baukalk sind nur reine Kalksteine mit Gehalten von mehr als 90% $CaCO_3$ geeignet, sonstige Komponenten (Silika, Tonminerale, Eisenoxide) dürfen in ihnen nur in geringen Mengen vorkommen. In der Bundesrepublik Deutschland werden dazu Kalksteine aus verschiedenen geologischen Zeitabschnitten abgebaut, besonders die sog. Massenkalke aus dem Devon des Rheinischen Schiefergebirges. Die vorhandenen Reserven reichen nur noch für einige Jahrzehnte.

Zemente werden hergestellt aus Mergeln, Mergelsteinen oder unreinen Kalksteinen, denen noch zusätzlich Ton zugemischt wird. Bei Brenntemperaturen von ca. 1400°C entstehen sog. Klinker, die anschließend zermahlen werden. Als Abbindeverzögerer wird Anhydrit oder Gips zugefügt, andere Zusätze nur bei speziellen Zementsorten (z.B. gemahlene Hochofenschlacke beim Eisenportlandzement).

Für die Erzeugung von Ziegeln und grobkeramischen Erzeugnissen (z.B. Steinzeug) werden Lehme und Tone verwendet, wobei es sich bei Ziegeln z.T. auch um tonige Verwitterungsprodukte von Festgesteinen (z.B. zer-

setzte Schiefer oder Tonsteine) handelt. Die Rohstoffe dürfen nicht
zu "fett" (zuviel Ton) und nicht zu "mager" (zuviel Sand) sein, d.h.
die Sandgehalte müssen zwischen 40 und 80 Gew.% liegen. Ein guter Zie-
gelton hat etwa folgende chemische Zusammensetzung (nur Hauptbestandteile):

SiO_2 60-70%

Al_2O_3 15-20%

Fe_2O_3 5%

Entspricht das Rohprodukt nicht diesen Werten, müssen entsprechende
Zumischungen vorgenommen werden.

Schädliche Beimengungen treten bei Ziegeltonen in Form von Schwe-
fel-haltigen Mineralen auf (Kristalle bzw. Konkretionen von Schwefeleisen oder Gips, diese führen beim Brennen der Ziegel zu Verfärbungen
und Auftreibungen). Auch stückige Beimengungen von Kalksteinen (z.B.
bankige Zwischenlagen oder knollige Konkretionen) müssen bei Ziegelei-
tonen beachtet werden: Beim Brennen der Ziegel werden sie zu Branntkalk umgewandelt, der dann mit der Luftfeuchtigkeit reagiert und unter
Volumenvergrößerung in gelöschten Kalk übergeht. Dadurch könnten Ziegel zersprengt werden. Die weißen Kalk-Körner, von denen die Spreng-
risse ausgehen, werden oft als sog. "Kalkmännchen" bezeichnet. Diese
Schwierigkeit kann dadurch vermieden werden, daß der Ziegeleiton vor
dem Brennen gemahlen wird. Feinverteiltes $CaCO_3$ ist bis zu Gehalten
von 40% unschädlich.

Rohstoffe für die Erzeugung von Ziegelei und Steinzeug-Produkten
kommen an vielen Stellen der Bundesrepublik vor. Beim Abbau geeigneter
Tone und Mergel muß häufig mit besonderer Umsicht vorgegangen werden:
Tonsteine aus der Keuper-Zeit z.B. enthalten oft Gips-Beimengungen,
Lößlehm sehr oft Karbonat-Konkretionen (Lößkindel, vgl. Kap. 3.3).
Einige Tonvorkommen eignen sich zur Herstellung von Blähtonen. Durch
Brennen von Tonkügelchen werden poröse, aber feste Bimsstein-artige
Kugeln erzeugt, die z.B. von der Hydrokultur bekannt sind und im Bau-
wesen als Zuschlag zu Leichtbeton oder zur Herstellung von Leichtbeton-
Fertigteilen (geringes Gewicht bei hoher Festigkeit und Wärmedämmung)
verwendet werden.

Für die Anfertigung von Steingut- und Porzellan-Erzeugnissen (z.B.
Wandfliesen) benötigt man reine Tone, die überwiegend aus Kaolinit
(vgl. Kap. 3.4.3) bestehen. Die in der Bundesrepublik vorhandenen
Mengen und Qualitäten von Kaolinit-Tonen (hauptsächlich in Nordost-
Bayern) reichen nur teilweise für den heimischen Bedarf aus, so daß
besonders für die Anfertigung von hochwertigen Porzellanen Kaolin-Tone

(z.B. aus der CSSR) oder Feinkeramik-Fertigprodukte (z.B. Wand- und Bodenfliesen aus Spanien, Korea u.a. Ländern) eingeführt werden müssen.

Als feuerfestes Material werden zahlreiche Brennprodukte verwendet, die aus unterschiedlichen Gesteinen oder Mineralkonzentraten hergestellt werden. Beispielhaft seien Sinterdolomit (Herstellung aus Dolomitstein) und Silikasteine (Herstellung aus sog. Tertiärquarziten, die vor allem im Westerwald und am Westrand des Vogelsberges abgebaut werden) genannt.

9 Hydrogeologie

Die Hydrogeologie ist ein wichtiges Verbindungsglied zwischen der Geologie und der Hydrologie, welche ein Teilfach des Bauingenieurwesens bildet. Für den Bauingenieur ist vor allem das Grundwasser wichtig, weil es nicht nur auf Bauwerke einwirkt, sondern auch durch Baumaßnahmen erheblich beeinflußt werden kann.

9.1 Kreislauf des Wassers

Das Wasser an der Erdoberfläche steht in einem fortwährenden Kreislauf von Niederschlägen, Verdunstung und Abfluß. Die Jahresniederschläge in der Bundesrepublik Deutschland betragen etwa 500-750 mm/Jahr (entspricht Litern/m^2 pro Jahr). Im Vergleich dazu liegen sie in Wüstengebieten z.T. fast bei 0 und erreichen in innerasiatischen Hochgebirgen wie dem Himalaya örtlich bis 12000 mm/Jahr. Die höchsten Werte in der Bundesrepublik treten am Nordrand der Alpen und im Oberrhein-Gebiet auf, im übrigen ist die Verteilung regional und auch jahreszeitlich recht gleichmäßig. Nach langfristigen Wetterbeobachtungen sollen der März der trockenste und der Juli der regenreichste Monat sein.

Eine hydrogeologisch wichtige Größe ist das Einzugsgebiet. Hierbei muß man unterscheiden zwischen dem oberflächlichen (wirksam für den Abfluß) und dem unterirdischen Einzugsgebiet (wirksam für das Grundwasser). Je nach Wasserdurchlässigkeit und Lagerungsverhältnissen der Untergrundgesteine können beide Einzugsgebiete stark voneinander abweichen (Abb. 9.1).

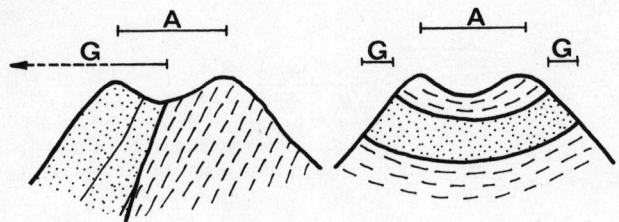

Abb. 9.1. Unterschiedliche Einzugsgebiete in einem Bergtal, dargestellt in geologischen Profilen. A = Abfluß-Einzugsgebiet. G = Grundwasser-Einzugsgebiet. Gestrichelt: wasserundurchlässige Schichten, punktiert: wasserdurchlässige Schichten

Wieviel Niederschlagswasser abfließt und wieviel versickert, hängt
von verschiedenen Faktoren ab, z.B. Bodenart, Bewuchs, Gefälle und
nicht zuletzt auch der Art des Regens (Starkregen begünstigen den Abfluß, leichte Dauerregen die Versickerung). Berechnet auf ein Jahr
werden etwa folgende Wassermengen dem Grundwasser zugeführt (Grund-
wasserspenden):

Niederungsgrünland $\quad$ 2-3 l/s pro km^2

Unbewachsener Sandboden $\quad$ >20 l/s pro km^2

Die jeweiligen Abflußspenden haben entsprechend umgekehrte Werte.

9.2 Grundwasser

9.2.1 Entstehung und Vorkommen des Grundwassers

Versickerndes Niederschlagswasser wird dem Grundwasser zugeführt. Dieses
befindet sich in sog. Grundwasserleitern, auch als Grundwasserträger,
Grundwasserhorizonte oder als Aquifere (Einzahl: Aquifer) bezeichnet.
Gesteine, die als Grundwasserleiter wirken, sind porös und durchläs-
sig (z.B. Sande, Kiese, Sandsteine) oder stark zerklüftet (Kluftgrund-
wasser, z.B. in Basalten) oder von zahlreichen Hohlräumen durchzogen
(Karstgrundwasser in Karbonat- und Sulfatgesteinen). Undurchlässige
Gesteine wie Tone, Mergel, Salze oder unverwitterte Magmatite (wie z.B.
Granite) wirken als Grundwasserstauer oder Aquicluden bzw. Aquifugen
(Einzahl: Aquiclude bzw. Aquifuge). Wenn im Untergrund wasserdurchlässige und wasserundurchlässige Gesteine mehrfach übereinanderliegen,
können sich mehrere Grundwasserstockwerke übereinander ausbilden (Abb.
9.2). Haben diese keine oder so gut wie keine Verbindung untereinander,
sind die Grundwässer in den jeweiligen Stockwerken meist unterschiedlich ausgebildet (chemische Zusammensetzung, Temperatur).

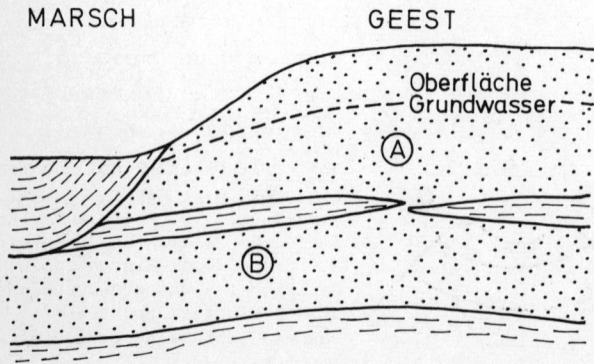

Abb. 9.2. Oberes (A) und unteres
(B) Grundwasserstockwerk im nordwestdeutschen Flachland. Gestrichelt: wasserundurchlässige
Schichten, punktiert: wasserdurchlässige Schichten

In Bohrungen oder Baugruben stellt sich die Oberseite des Grund-
wasser-Körpers ein. Sie wird in ruhenden Brunnen in ihrer Höhe über
NN eingemessen (Grundwasserpegel). Wenn die Meßwerte zu einem einheitlichen Grundwasserhorizont gehören, lassen sie die Anpassung der Grundwasser-Oberseite an die Geländeformen erkennen: in Tälern biegt sie
ab, in Hügeln nach oben. Gleiche Grundwasserstände können in Karten
mit Linien, den Grundwassergleichen, verbunden werden. Sie zeigen das
Gefälle der Grundwasser-Oberseite und damit die Fließrichtung des Grund
wassers an (Abb. 9.3).

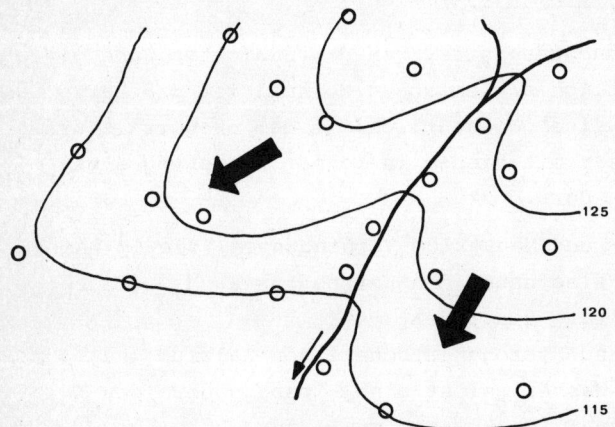

Abb. 9.3. Beispiel einer Grund-
wassergleichen-Karte. Kreise:
Brunnen mit Grundwasserpegeln,
dünner Pfeil: Fließrichtung des
Flusses, dicke Pfeile: Fließ-
richtung des Grundwassers,
Zahlen: Grundwasserhöhen in
Metern u. NN

Die Fließgeschwindigkeit von Grundwässern ist - außer in Karstgesteinen - relativ gering. Viele Messungen, die nach Zugabe von Farb-
stoffen, Isotopen oder anderen "tracern" in das Grundwasser durchgeführt worden sind, haben Größenordnungen von einigen cm/Tag (etwa in
Sandsteinen) oder mehreren Metern bis Zehnern von Metern/Tag (etwa in
Kiesen) ergeben. Die weit verbreiteten Vorstellungen von Grundwasser-
adern, -strömen oder -seen entsprechen also nicht der Wirklichkeit.

Grundwasser-Körper und offene Gewässer stehen in Beziehungen zuein-
ander. Das gilt für Flüsse und künstliche Seen (z.B. Baggerseen),
weniger für natürliche Seen, weil in diesen sich am Boden meist eine
abdichtende Mergel- oder Tonschicht im Laufe der letzten Jahrtausende
gebildet hat. Ist der Flußwasserstand höher als der des Grundwassers
(bei Hochwässern oder nach Anlage von Staustufen), geht vom Fluß Wasser
in den Grundwasser-Körper über (Uferfiltration); ist der Flußwasserstand niedriger als der des Grundwassers, erhält der Fluß Zuflüsse
aus diesem. Durch stark verschmutzte Flüsse kann infolge Uferfiltration die Qualität des Grundwassers in deren Umgebung zumindestens örtlich stark beeinträchtigt werden.

Die Höhe der Grundwasserstände ist in erster Linie von den Niederschlägen abhängig. Nicht alle Schäden (z.B. am Baumbestand), die auf
sinkende Grundwasserstände zurückgeführt werden, hängen mit einer Entnahme von Grundwasser zusammen, sondern sind z.T. auch durch schwankende Niederschlagsmengen bedingt. In den Jahren ab 1971 hat es in der
Bundesrepublik Deutschland insgesamt ein Niederschlag-Defizit gegeben.
Ob es sich im Verlauf der 80er Jahre ausgleichen wird, bleibt abzu-
warten.

9.2.2 Beschaffenheit des Grundwassers

Die Beschaffenheit des Grundwassers ist von den Schichten abhängig,
in denen es fließt. Wesentliches chemisches Merkmal ist die Härte des
Wassers, die fälschlicherweise gelegentlich mit dem pH-Wert (Säurewert)
verwechselt wird, obwohl sie mit diesem in keiner Beziehung steht.
Man unterscheidet zwischen der

Gesamthärte: Alle Kalzium- und Magnesium-Verbindungen, die im Wasser
gelöst sind; also neben den Karbonaten auch Sulfate,
Chloride, Nitrate u.a.; der

Karbonathärte: Karbonate und Hydrogenkarbonate von Kalzium und Magne-
sium, die im Wasser gelöst sind, insbesondere das Kalzium-
Hydrogenkarbonat [$Ca(HCO_3)_2$] sowie der

Bleibenden Härte: Teile der Gesamthärte, die nach dem Kochen des Wassers und dem damit verbundenen Verschwinden der Karbonathärte (infolge Ausfällung von Kalzium-Karbonat = Kesselstein) übrigbleibt. Es handelt sich vor allem um Sulfat-
salze.

Die Härte von Wässern wird in Deutschen Härtegraden angegeben (Ab-
kürzung $^{\circ}dH$; $1^{\circ}dH \triangleq 10$ mg CaO in 1 l Wasser). Üblicherweise unterscheidet man folgende 4 Härtebereiche (bezogen auf die Gesamthärte):

Härtebereich 1 = $< 7^{\circ}dH$
Härtebereich 2 = $7-14^{\circ}dH$
Härtebereich 3 = $14-21^{\circ}dH$
Härtebereich 4 = $> 21^{\circ}dH$

In anderen Ländern gibt es andere Härtegrade und andere Definitionen
der Wasserhärte.

Hartes Wasser hat gegenüber weichem, das oft fad wirkt, einen besse-
ren Geschmack. Sehr hartes Wasser (Härtebereich 3 und mehr) ist wegen
seiner Neigung zur Bildung von Kesselstein für viele Zwecke (z.B.
Kessel- und Heißwasseranlagen) schlecht geeignet.

Hartes Grundwasser kommt in Kalkgebieten (z.B. Schwäbische und Fränkische Alb), aber vielerorts auch im Norddeutschen Flachland vor, weil hier im Untergrund Geschiebemergel oder kalkhaltige Sande und Kiese verbreitet sind. In der Nähe vieler Salzstöcke ist das Grundwasser teils versalzen, teils hat es eine große bleibende Härte, weil es Chloride und/oder Sulfate aus dem Salzstock bzw. seinem Hutbereich aufgenommen hat.

Unerwünschte Substanzen, die in Grundwässern gelöste sein können, sind Eisen-Hydrogenkarbonate (gehen beim Kontakt mit Luftsauerstoff in Brauneisen über, das als Eisenocker ausfällt und Brunnenfilter und Pumpen zusetzen kann) und Huminstoffe, die oft zusammen mit Schwefelwasserstoff (H_2S) vorkommen, so daß das Wasser braun gefärbt ist und oft stinkt.

Wenn mehr als 1 g Mineralstoffe oder mehr als 250 mg CO_2 pro Liter Grundwasser gelöst sind, wird es als Mineralwasser bezeichnet. Das Kohlendioxyd, meist einfach "Kohlensäure" genannt, stammt aus tieferen Vulkanherden des Untergrundes. CO_2-reiche Wässer, hierzu gehören vor allem sehr weiche Grundwässer, sind durch eine leicht saure Reaktion gekennzeichnet, die zur Zerstörung von Betonbauten führen kann. Dieses gilt besonders dann, wenn das betreffende Grundwasser am Bauwerk vorbeiströmt, sich der CO_2-Gehalt also dauernd erneuert. Die DIN 4030 enthält allgemein Richtlinien für die Untersuchung von betonschädlichen Wässern und Böden.

Die Temperatur von Grundwässern wird in den obersten 15 m ab Geländeoberfläche von den Schwankungen der Außentemperatur beeinflußt. In Tiefenbereichen von etwa 15-30 m weisen Grundwässer normalerweise die Jahresmitteltemperatur auf (in Deutschland etwa 7-10°C), darunter erfolgt allgemein - wenn auch mit vielen Ausnahmen - eine Erwärmung entsprechend der jeweils vorhandenen geothermischen Tiefenstufe (vgl. Kap. 6.2). In Tiefen von etwa 3000-5000 m haben Wässer dementsprechend Temperaturen von oft mehr als 100-150°C, wobei sie wegen des hohen Druckes aber noch nicht kochen. Grubenwässer im Ruhrgebiet haben bei Abbautiefen von 500-1000 m teilweise schon Temperaturen von über 50°C. In der Nähe von aktiven oder aktiv gewesenen Vulkanen treten teilweise heiße Grundwässer auf, die man zu Heizung und Energieerzeugung verwenden kann (z.B. Island oder Toskana/Italien).

Zu bedenken ist, daß in der Regel in Tiefen von mehr als etwa 400-700 m keine zusammenhängenden Grundwasserkörper mehr erwartet werden können, weil wegen des hohen allseitigen Druckes die Gesteine nicht mehr porös genug sind. Grundwässer aus tieferen Stockwerken sind in vielen Fällen versalzen, wobei die Ursache dafür nicht immer zu erklä-

ren ist, weil die begleitenden Gesteine teilweise gar keine Salze enthalten. Deswegen hört die Grundwasser-Erschließung üblicherweise in
Tiefen unterhalb von etwa 300 m auf.

Wenn Grundwasser aus Quellen ausfließt (Kap. 9.2.4) und genutzt
werden soll, geben Temperaturmessungen erste Anhaltspunkte für die
Tiefenlage des Grundwasserträgers und über die Verweildauer des Wassers. Von der Wassertemperatur hängt auch die Qualität von Trinkwasser
ab: Es soll möglichst Temperaturen von etwa 7-12°C aufweisen, wenn es
wärmer ist, schmeckt es schal.

Eine Reinigung/Filtration des Grundwassers erfolgt, wenn es durch
Sande oder Kiese strömt. Schwebstoffe, Verunreinigungen und Bakterien
werden zurückgehalten, Viren in der Regel nicht. Sehr schlecht ist die
Filterwirkung von Karstgesteinen infolge der großen Hohlräume in den
Gesteinen und der hohen Fließgeschwindigkeiten der Grundwässer. Brunnen in Karstgebieten sind deswegen hygienisch oft bedenklich. Es ist
kein Zufall, daß in den meisten Fällen, in denen es zu Erkrankungen
durch verseuchtes Trinkwasser gekommen ist, um Karstgrundwasser ge-
handelt hat.

Die Filterwirkung von Sanden und Kiesen kann man sich zunutze
machen, um Grundwasser künstlich anzureichern. Hierfür wird in Sand-/
Kiesgebieten Flußwasser in flache Becken (Größe etwa 10 × 20 m) einge-
leitet, in denen es versickert. Dabei wird es gereinigt und dem Grundwasser zugeführt. Nach relativ kurzem Wanderweg (ca. 50-100 m) kann es
in Brunnen gefördert und als Trinkwasser verwendet werden (Abb. 9.4).
Flußwässer, die in dieser Weise aufbereitet werden sollen, dürfen
keine Abwässer enthalten. Die Absetzbecken müssen gelegentlich von
Schlamm, der sich abgesetzt hat, gereinigt werden.

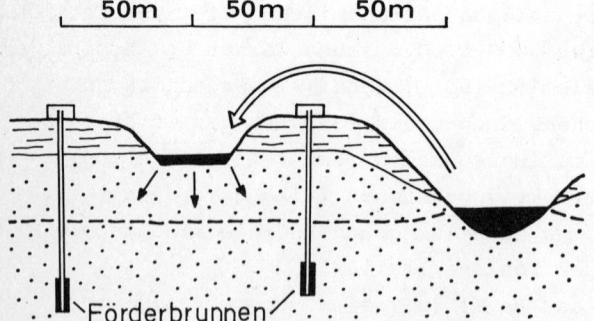

Abb. 9.4. Grundwasser-Anreiche-
rung durch Versickernlassen von
Wasser aus einem benachbarten
Fluß (rechts), gestrichelt:
wasserundurchlässiger Auenlehm,
punktiert: wasserdurchlässige
Sande und Kiese

Für Laien überraschend klingt zunächst die Aussage, daß Grundwässer
als "flüssige Sedimente" aufgefaßt werden können und wie diese ein

Alter besitzen. Dieses wird durch radiometrische Untersuchungen der
in den gelösten Karbonaten enthaltenen C 14-Isotopen, bei sehr jungen
Wässern auch durch Messung der Gehalte an Tritium (3-wertiger Wasser-
stoff) festgestellt. Man kennt Grundwässer mit sehr verschiedenen Altern, etwa solche, die mehr als 20 Tausend Jahre alt sind und aus dem
Pleistozän stammen (z.B. die tiefen Grundwässer, die in den Braun-
kohlengruben westlich von Köln gepumpt werden oder Wässer, die gebietsweise in der Sahara gefördert werden), daneben solche, die wenige Wo-
chen, Monate oder Jahre alt sind (z.B. Brunnenwässer in der Gegend von
Alfeld/Leine mit Altern von etwa 10-30 Jahren). Das Alter bzw. die daraus abzuleitende Verweildauer der Grund- oder Quellwässer ist eine
wichtige Größe, die z.B. zeigt, ob sich in den untersuchten Bereichen
Trockenperioden sehr bald oder erst mit langen Verzögerungen an Grund-
wasserständen oder Quellschüttungen bemerkbar machen werden. Alters-
daten von Grundwässern sind vor allem wichtig für die Beurteilung von
Erneuerungsraten und sog. Grundwasserbilanzen. Diese müssen immer dann
aufgestellt werden, wenn Grundwasser in größeren Mengen entnommen wird
(als Trinkwasser, für Bewässerungszwecke oder nur zur Entwässerung von
Tagebauen). Viele der obengenannten "alten" Sahara-Grundwässer erneuern
sich z.B. nicht, sie stehen genauso wie etwa eine Erdöl-Lagerstätte nur
für eine bestimmte Zeit zur Verfügung.

9.3 Quellen

Quellen sind Austrittsstellen des Grundwassers an der Erdoberfläche.
Aufgrund der jeweiligen geologischen Verhältnisse lassen sich verschiedene Quelltypen unterscheiden (Abb. 9.5):

a) Schichtquellen
   Es handelt sich um Anschnitte eines oder mehrerer Grundwasser-Horizonte durch ein Tal. Die Wasseraustritte erfolgen über einer wasserundurchlässigen Schicht. Wenn mehrere Schichtquellen nebeneinander
   an einem Talhang auftreten, läßt sich aus ihrem Verlauf die Lage
   dieses Wasserstauers ableiten. In der Strömungsrichtung des Grundwassers liegende Schichtquellen sind üblicherweise als Dauerquellen
   vorhanden, solche, die nur bei hohem Grundwasserstand Wasser abgeben,
   werden auch als Hungerquellen bezeichnet.

b) Verwerfungsquellen (Stauquellen)
   Verwerfungsquellen sind dort ausgebildet, wo das strömende Grundwasser durch eine Verwerfungslinie gezwungen wird, an der Erdoberfläche auszutreten. Entweder wird dieses durch wasserstauende Ge-

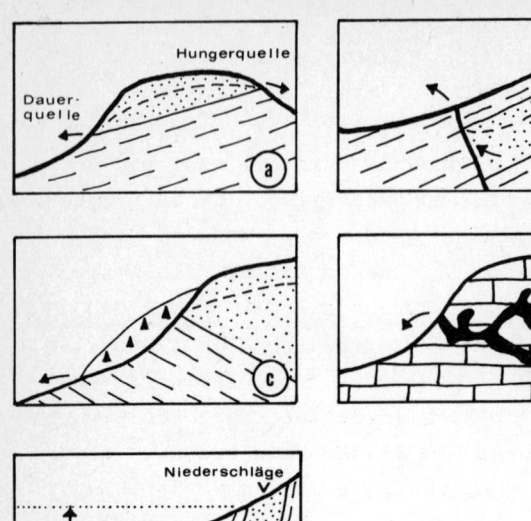

Abb. 9.5a-e. Quelltypen:
(a) Schichtquelle
(b) Verwerfungsquelle
(c) Schuttquelle
(d) Karstquelle
(e) Artesische Quelle
    (Brunnen)

steine bewirkt, die infolge einer Verschiebung entlang der Verwerfungslinie neben dem Grundwasser-Horizont zu liegen gekommen sind, oder es erfolgt der Wasserstau allein durch die Lehm- und Lettenzone, die in vielen Verwerfungen vorhanden ist.

c) Schuttquellen
Hierbei handelt es sich nicht um einen durch besondere geologische Verhältnisse bedingten Typ, sondern um Austrittsquellen im Schuttfuß eines Hanges. Die eigentliche Quelle ist verdeckt, es kann z.B. eine Schicht- oder Verwerfungsquelle sein. Sollen Schuttquellen gefaßt werden, müssen sie bis zur eigentlichen Austrittsstelle freigegraben werden, weil nur so ausgeschlossen werden kann, daß im Schuttfuß zulaufendes Wasser das Quellwasser verunreinigt.

d) Karstquellen
Karstquellen sind Austrittsstellen von unterirdischen Wasserläufen in verkarsteten Gesteinen. Sie sind durch oft große, aber stark schwankende Schüttungen gekennzeichnet. Die größte Quelle der Bundesrepublik Deutschland, der Aachtopf bei Stockach/Baden mit einer Schüttung bis zu 20 Tausend l/s, ist eine Karstquelle. Genauso wie in Karstgebieten an Quellaustritten unvermutet Bäche und Flüsse entstehen, können sie an Spalten oder Hohlräumen wieder im Gestein abtauchen (Schwinden).

e) Artesische Quellen

In artesischen Quellen (Name nach Artois = Landschaft um Paris)
tritt gespanntes Grundwasser aus. Natürliche artesische Quellen
sind selten, viel häufiger gibt es artesische Brunnen, d.h. Stellen,
an denen das gespannte Grundwasser angebohrt worden ist und unter
hohem Druck austritt. Gespanntes Grundwasser bildet sich überall
dort, wo gefaltete oder verbogene Grundwasser-Horizonte von wasserundurchlässigen Schichten über- und unterlagert werden. Das ist
z.B. im Münsterschen Becken der Fall, in dem die kalkig-mergeligen
Schichten wie ein Satz Schüsseln großräumig übereinander gestapelt
sind. Auch im nordwestdeutschen Flachland kommen abgebogene oder
schräg einfallende Sand- und Kieslagen mit gespanntem Grundwasser
vor. Wenn derartige Horizonte ungewollt angebohrt oder aufgegraben
werden, kann es zum Ausfließen von erheblichen Mengen Grundwasser
und damit zu beträchtlichen Schäden kommen.

Eine Untersuchung von Quellen, vor allem in Hinblick auf eine mögliche Nutzung, sollte folgende Punkte umfassen:

a) Ermittlung der Ergiebigkeit/Schüttung in l/s. Hierfür sind alle
10-14 Tage Messungen über einen Zeitraum von mehr als einem Jahr
erforderlich. Wichtig ist vor allem die Feststellung der Mindester-
giebigkeit. Stellt man nach Niederschlägen erhöhte Schüttungen einer
Quelle fest, zeigt das Eigenschaften an, die ihren Wert für eine
mögliche Wassergewinnung beeinträchtigen: Schlechte Speicherung,
kurze Wasserwege und damit meist schlechte Filtrations bzw. Reini-
gung der Niederschlagswässer.

b) Ermittlung der Temperatur (mit Schwankungen)

c) Ermittlung der chemischen und bakteriologischen Zusammensetzung
des Quellwassers (mit Schwankungen). Trinkwasser ist biologisch
nicht keimfrei, die Zahl der Keime muß aber unter 100 Stück pro cm^3
liegen, wobei Krankheitserreger oder Darm-(coli-)Bakterien nicht
vorkommen dürfen.

d) Vorschläge zur Fassung der Quelle, die von der wahren Austritts-
öffnung des Wassers (s. Schuttquellen) ausgehen müssen und zu berücksichtigen haben, ob diese ein- oder mehrbahnig ausgebildet ist.

9.4 Wassergewinnung

Der Trinkwasser-Verbrauch in Industriegegenden liegt in der Größenordnung von etwa 200-500 l pro Einwohner und Tag. Die erforderlichen Mengen
Wasser werden z.T. aus Oberflächenreservoiren entnommen (natürliche

Seen, z.B. Bodensee mit Wassergewinnung für Stuttgart; Trinkwasser-
Talsperren, z.B. Söse-Talsperre im Harz mit Wasserleitung nach Bremen),
zum überwiegenden Teil aber aus dem Grundwasser bereitgestellt. Hierfür werden, außer der Nutzung von vorhandenen Quellen, vor allem Brunnen gebohrt oder Stollen getrieben.

Trinkwasserstollen bieten sich in bewaldeten, relativ niederschlags-
reichen Gegenden wie z.B. dem Taunus an. Durch einen Stollen kann das
auf Schichtflächen einsickernde und zirkulierende Wasser gesammelt
und abgeleitet werden. Auch stillgelegte Bergwerke werden in dieser
Weise für die Gewinnung von Trinkwasser verwendet.

Trinkwasserbrunnen werden in Felsgesteinen, mehr aber noch in Sanden
und Kiesen der Talauen angelegt. Die letztgenannten sind meist nur
einige Meter bis Zehner von Metern tief, während Felsbrunnen manchmal
bis mehrere hundert Meter hinabreichen. In Talauen oder Niederungen
wird gelegentlich durch eine zusätzliche Wasseranreicherung die Menge
des Grundwassers vergrößert (vgl. Kap. 9.2.2).

Grundwassererschließung ist immer mit Unsicherheiten und Risiken
verbunden. Vor allem bei der Angabe von geeigneten Punkten für Wasser-
bohrungen können sich erfahrene Hydrogeologen und Wasserfachleute ir-
ren, selbst nach sorgfältigen Voruntersuchungen. Diese Tatsache erklärt
sicher teilweise den Umstand, daß auch heute noch die Wünschelruten-
gängerei bei der Wassererschließung nicht ausgestorben ist. Zweifels-
ohne haben Rutengänger, die z.T. als geschulte Beobachter auch hydrogeologische Kenntnisse besitzen, gelegentlich gute Ergebnisse aufzu-
weisen, viel häufiger bleiben sie aber völlig erfolglos. Hierüber wird
von den jeweiligen Auftraggebern meist geschwiegen. Mehrfache Über-
prüfungen von Wünschelrutengängern, die unter wissenschaftlicher Aufsicht Tests durchgeführt haben, erbrachten in jedem Fall widersprüch-
liche und insgesamt ungünstige Ergebnisse. Wenn Privatpersonen bei
der Wassererschließung eher Wünschelrutengängern als Fachleuten ver-
trauen, ist das bedauerlich genug; absolut unverständlich ist aber,
wenn in gleicher Weise kommunale Gelder eingesetzt und meist vergeudet
werden.

Wo Brunnen zur Grundwasser-Gewinnung eingerichtet werden, ist eine
abdichtende Sedimentauflage erforderlich, um mögliche Oberflächen-Ver-
unreinigungen fernzuhalten. Sind Tone vorhanden, brauchen diese nur
rund 1 m dick zu sein, handelt es sich um eher durchlässige Kiese,
sollten sie 4 m mächtig sein. Um Grundwasser-Brunnen herum müssen
bestimmte Schutzzonen ausgewiesen werden:

Zone I ist der eigentliche Fassungsbereich, der in der Praxis meist
einen Radius von weniger als 50 m besitzt.

Zone II wird als engere Schutzzone bezeichnet. Sie ist eingezäunt, landwirtschaftliche Nutzung ist nicht erlaubt. Die Bemessung der Zone II soll nach der sog. 50-Tage-Linie erfolgen, d.h. einer gedachten Linie, von der aus das zum Brunnen wandernde Grundwasser mindestens 50 Tage braucht, weil nach dieser Frist Keime weitgehend abgetötet sind. Die Festlegung der 50-Tage-Linie ist schwierig, sie erfolgt nach Erfahrungen und Berechnungen, die vom Gesteinsaufbau des Grundwasserhorizontes und der vermuteten Strömungsgeschwindigkeit des Grundwassers ausgehen. In der Praxis betragen die Radien der Schutzzone II mehr als 50 m.

Zone III ist die sog. weitere Schutzzone, in der landwirtschaftliche Nutzung einschließlich Düngen teilweise gestattet ist, nicht aber Baumaßnahmen wie das Anlegen von Gruben, Steinbrüchen, Mülldeponien, Tankstellen, Friedhöfen usw. Um die Festlegung von weiteren Schutzzonen kann es zu Meinungsverschiedenheiten zwischen Hydrogeologen und Bauingenieuren kommen, wenn vorgesehene Baumaßnahmen durch die Ausweisung einer Schutzzone verhindert werden. In der Praxis haben Zonen III Radien von teilweise mehr als 2 km.

Zusätzlich zu den Schutzzonen wird verschiedentlich ein Wasser-Schonbezirk eingerichtet, in dem alle Bauvorhaben durch die zuständigen Wasserbehörden zu genehmigen sind.

Besondere Schutzbereiche bestehen in der Umgebung von Mineral- und Heilquellen, oft mit Durchmessern von vielen Kilometern. In diesen Bereichen müssen sämtliche Schürf-, Bohr- und Bergbauvorhaben genehmigt werden.

Abpumpen von Grundwasser durch Förderbrunnen kann unerwünschte Folgen haben, selbst wenn die Wasserbilanz (vgl. Kap. 9.2.2) eine Entnahme zuläßt. Hauptproblem sind Absenktrichter, die sich einstellen, weil das Grundwasser nicht schnell genug nachfließt. Absenktrichter können Setzungen/Sackungen mit nachfolgenden Gebäudeschäden auslösen oder es kann die Land- und Forstwirtschaft ebenso wie die Wassergewinnung in benachbarten Wasserwerken beeinträchtigt werden. Bei vorübergehenden, kleinräumigen Grundwasserabsenkungen, etwa im Zusammenhang mit Baumaßnahmen, werden verschiedentlich sog. Schluckbrunnen eingerichtet. Das geförderte Wasser wird in einiger Entfernung von der Entnahmestelle wieder in den Grundwasserspeicher eingegeben (Kreislauf-System), um außerhalb der Baustelle den Grundwasserstand konstant zu halten (Abb. 9.6).

Große Absenktrichter können auf diese Weise nicht ausgeglichen werden. Im Zusammenhang mit dem Braunkohlenabbau in der Rheinischen Braunkohle, die in trockenen Tagebauen gefördert werden muß, entstehen in

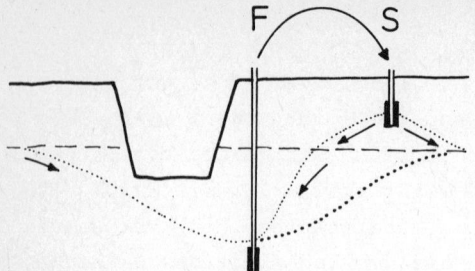

Abb. 9.6. Absenktrichter bei vorüberge-
hender Grundwasserabsenkung zum Trocken-
halten einer Baugrube, dabei Erhaltung
des Grundwasserstandes durch Betreiben
eines Schluckbrunnens (S). F = Förderbrunnen. Gestrichelt: ursprünglicher
Gundwasserstand, fein punktiert: Grundwasserstand während der Baumaßnahme,
grob punktiert: Absenktrichter während
der Baumaßnahme ohne Einschaltung eines
Schluckbrunnens

den tieferen Grundwasserhorizonten z.B. Absenktrichter, die sich fast
bis Aachen verfolgen lassen. Bei dem im Aufschluß befindlichen neuen
Braunkohlen-Tagebau Hambach im Erfttal muß das Grundwasser um mehr
als 300 m abgesenkt werden. Hier wird das oberflächennahe Grundwasser
außerhalb des Tagebaus dadurch im ursprünglichen Zustand erhalten,
daß die Wände des Tagebaus abgedichtet worden sind.

An der Nordseeküste Niedersachsens und Schlewig-Holsteins tritt bei
Grundwasser-Entnahme das Problem der Versalzung auf. Salzwasser dringt
von der Küste her in dem Maße nach, wie das vergleichsweise leichtere,
nicht versalzene Grundwasser abgepumpt wird. In einem Streifen von
meist mehreren Kilometern Breite entlang der Nordseeküste gibt es nur
noch Salzwasser im Untergrund. Es muß außerhalb dieses Streifen jede
Entnahme von "süßem" Grundwasser mit besonderer Vorsicht erfolgen, damit das Salzwasser nicht noch weiter landeinwärts vordringt. Dieses
gilt in ähnlicher Weise für die Süßwasserreserven der Nordseeinseln.

Aufgrund der Ausbildung der verschiedenen Gesteine im Untergrund
lassen sich bereits ohne spezielle Untersuchungen Voraussagen darüber
machen, welche Gesteine genügend große Porosität und Permeabilität besitzen, um als Grundwasser-Horizont infrage zu kommen. Vor allem diese
sollten bei der Wassererschließung gezielt überprüft werden. Von den
Sedimentgesteinen sind es besonders Schichten mit folgenden geologischen Altern (vgl. Kap. 5):

a) Sande und Kiese des Holozäns in Flußtälern
b) Sande und Kiese des Pleistozäns in Schmelzwasserebenen und
   Flußtälern
c) Sande des Tertiärs
d) Sandsteine des Buntsandsteins (Untere Trias)
e) Kalk- und Sulfatgesteine des Oberen Perms
f) Kalksteine des Devons.

Bei den magmatischen Gesteinen sind vor allem die Basalte des Tertiärs
meist reich an Grundwasser.

9.5 Abwässer

Grundwässer können durch versickernde Abwässer verunreinigt werden.
Das Versenken oder Abpressen von Abwässern (z.B. Salzlaugen in Kali-
salz-Gebieten, radioaktive oder Raffinerie-Abwässer) darf deshalb nur
bei günstigen geologischen Verhältnissen im Untergrund vorgenommen
werden. Die Injektionen bzw. Einleitungen müssen in poröse Gesteine
hinein erfolgen, die unterhalb der nutzbaren Grundwasser-Horizonte
liegen und von diesen abgeschlossen sein sollten (Abb. 9.7). Durch Kon-
trollbohrungen muß überprüft werden, ob Abwässer nicht aus dem Einleit-
Horizont austreten oder, falls dieses geschieht, ob sie inzwischen genügend gereinigt worden sind. Geologisch günstige Bedingungen für mögliche Abwasser-Versenkungen liegen vor allem im Nordwestdeutschen
Flachland, im Voralpengebiet und im Oberrheintal vor.

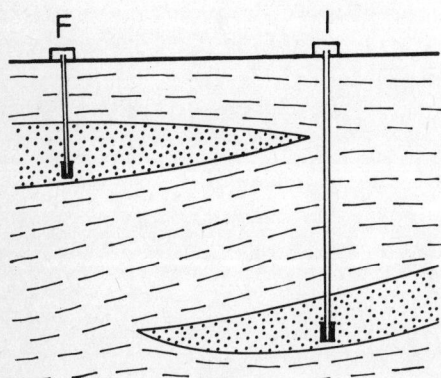

Abb. 9.7. Abwasser-Injektion in einen Horizont mit versalzenem Tiefengrundwasser, der
unter einem genutzten Grundwasser-Horizont
liegt. F = Förderbrunnen, I = Injektions-
brunnen. Gestrichelt: wasserundurchlässige
Schichten, punktiert: wasserdurchlässige
Schichten

Verunreinigungen des oberflächennahen Grundwassers sind ebenfalls
möglich, wenn diese Kontakte mit zuströmenden Wässern von Friedhöfen
sowie Abfallhalden/Mülldeponien haben. Hydrogeologische Voruntersuchungen bzw. ausdrückliche Genehmigungen sind deswegen bei entsprechenden
Anlagen, zumindestens wenn sie neu eingerichtet werden, vorgeschrieben.
Mehrjährige Beobachtungen, die in den letzten Jahren im Frankfurter
Raum von Hydrogeologen durchgeführt worden sind, haben gezeigt, daß
bei Deponien von sog. Hausmüll das Grundwasser unter dem Deponiebereich
selbst zunächst zwar verunreinigt ist, aber in Entfernungen von höchstens einigen hundert Metern infolge mikrobiologischer Prozesse wieder
weitgehend als gereinigt angesehen werden kann.

10 Wer führt geologische Untersuchungen und Beratungen durch?

Wenn geologische Untersuchungen oder Beratungen erforderlich werden, sollte man sich an eine der im folgenden genannten Behörden bzw. Personengruppen wenden:

a) Staatliche Geologische Dienste der jeweiligen Bundesländer:

    Geologische Landesamt Baden-Württemberg
    Albertstr. 5
    7800 Freiburg

    Bayerisches Geologisches Landesamt
    Prinzregentenstr. 28
    8000 München 22

    Geologisches Landesamt Hamburg
    Oberstr. 88
    2000 Hamburg 13

    Hessisches Landesamt für Bodenforschung
    Leberberg 9-11
    6200 Wiesbaden

    Niedersächsisches Landesamt für Bodenforschung
    (auch zuständig für Bremen)
    Stilleweg 2
    3000 Hannover 51

    Geologisches Landesamt Nordrhein-Westfalen
    De-Greiff-Str. 195
    4150 Krefeld

    Geologisches Landesamt Rheinland-Pfalz
    Flachsmarktstr. 9
    6500 Mainz

    Geologisches Landesamt des Saarlandes
    Am Tummelplatz 7
    6600 Saarbrücken

    Geologisches Landesamt Schleswig-Holstein
    Mercatorstr. 7
    2300 Kiel

Für Untersuchungen im Ausland ist vor allem zuständig:

    Bundesanstalt für Geowissenschaften und Rohstoffe
    Stilleweg 2
    3000 Hannover 51

b) <u>Freiberuflich tätige Geologen bzw. Ingenieurbüros</u>, die Geologen beschäftigen. Ein zusammenfassendes Anschriftenverzeichnis dieser Branche für die Bundesrepublik gibt es nicht, Anschriften sind aber bei den zuständigen Industrie- und Handelskammern oder bei benachbarten geologischen Hochschulinstituten zu erfragen.

c) <u>Geologen an Hochschulinstituten</u>. Nicht überall haben Hochschulgeologen die Möglichkeit, geologische Beratungen/Gutachten durchzuführen, manchmal werden nur Aufträge für bestimmte Teilbereiche der Geologie übernommen. Zur ersten Information, oder um Hinweise auf entsprechende Fachleute zu bekommen, ist eine Nachfrage beim nächsten geologischen Hochschulinstitut meist aber sehr nützlich.

11 Weiterführende Literatur (ab 1960)

a) Geologie allgemein

Bender F (Hrsg) (1981) Lehrbuch für Angewandte Geowissenschaften, Bd I, 2. Aufl,
    628 S. Enke, Stuttgart - Weitere Bände der Neuauflage erscheinen demnächst
Blaschke R, Dittmann G, Neumann-Mahlkau P, Vowinckel I (1977) Interpretation geo-
    logischer Karten, 75 S. Enke, Stuttgart
Brinkmann R (1980) Abriß der Geologie, Bd I: Allgemeine Geologie, neubearb. von
    W. Zeil, 12. Aufl, 256 S. Enke, Stuttgart
Falke H (1975) Anlegung und Ausdeutung einer Geologischen Karte, 208 S. de Gruyter,
    Berlin-New York
Murawski H (1977) Geologisches Wörterbuch, 7. Aufl, 280 S. Enke, Stuttgart
Pape H (1981) Leitfaden zur Gesteinsbestimmung, 4. Aufl, 152 S. Enke, Stuttgart

b) Ingenieurgeologie

Bottke H (1968) Schürfbohren, Teil 1: Die Durchführung von Kernbohrungen. Clausth
    tekton Hefte, 7, 132 S. Pilger, Clausthal-Zellerfeld
Loos W, Grasshoff H (1963) Kleine Baugrundlehre, 189 S. R Müller, Köln-Braunsfeld
McLean AC, Gribble CD (1979) Geology for Civil Engineers, 310 S. Allen & Unwin,
    London
Neumann R (1964) Geologie für Bauingenieure, 784 S. Ernst & Sohn, Berlin-München
Prinz H (1982) Abriß der Ingenieurgeologie, 432 S. Enke, Stuttgart
De Quervain F (1967) Technische Gesteinskunde, 2. Aufl, 261 S. Birkhäuser, Basel
Reuter K, Klengel J, Pasek J (1980) Ingenieurgeologie, 2. Aufl, 456 S. VEB Deutscher
    Verlag für Grundstoffindustrie, Leipzig
Villwock R (1966) Industriegesteinskunde, 280 S. Stein, Offenbach
Zaruba Q, Mencl V (1961) Ingenieurgeologie, 606 S. Akademie-Verlag, Berlin. Neu-
    auflage (1976): Engineering Geology *in*: Developments in Geotechnical Engineer-
    ing, Bd 10. Elsevier, Amsterdam

Zeitschriften

Bulletin of the International Association of Engineering Geology. Krefeld
Engineering Geology - an International Journal. Elsevier, Amsterdam
Geotechnik - Zeitschrift für Bodenmechanik, Felsmechanik, Grundbau und Ingenieur-
    geologie. Deutsche Gesellschaft für Erd- und Grundbau, Essen
Rock Mechanics - Journal of the International Society of Rock Mechanics. Springer,
    Wien
The Quaterly Journal of Engineering Geology. Belfast
Zeitschrift für Angewandte Geologie. Berlin

12 Sachverzeichnis

H.-R. Langguth
R. Voigt

Hydrogeologische Methoden

Hochschultext

1980. 156 Abbildungen, 72 Tabellen. X, 486 Seiten
DM 45,–
ISBN 3-540-10174-8

Inhaltsübersicht: Größen und Einheiten in der Hydrogeologie. – Durchlässigkeit und Transmissivität. – Speicherkoeffizient und nutzbarer Porenraum. – Pumpversuche. – Graphische und analytische Auswertung der stationären Strömung im Aquifer. – Bohrbrunnen und Pegel. – Pumpen und Rohrleitungen. – Statistische Auswerteverfahren. – Fachwortverzeichnis (deutsch-englisch-französisch). – Literatur. – Autorenverzeichnis. – Sachverzeichnis.

Das Buch beschreibt ausgewählte hydrogeologische Methoden, deren Darstellung im deutschen Schrifttum bisher nur unzureichend war. Es befaßt sich mit den physikalischen Grundlagen und vor allem mit deren Anwendung zur Erkundung eines Aquifers hinsichtlich der Wassergewinnung und -nutzung. Die Kapitel über Bohrbrunnen, Pegel, Pumpen, Rohrleitungen und statistischen Verfahren werden erstmals aus hydrogeologischer Sicht „aufbereitet". Verständliche Ableitungen, Rechenbeispiele und informative Abbildungen machen den Text gut nachwollziehbar. Studierenden der Geowissenschaften, des Bauingenieurwesens und der heute eigenständigen Hydrologie sowie allen Praktikern wird es ein zuverlässiges Hilfsmittel bei der Lösung ihrer Probleme sein.

Springer-Verlag
Berlin
Heidelberg
New York

Th. Dracos

Hydrologie

Eine Einführung für Ingenieure

1980. 137 Abbildungen. IX, 194 Seiten
Gebunden DM 68,–
ISBN 3-211-81574-0

Inhaltsübersicht: Der Kreislauf des Wassers. –
Allgemeines über die Behandlung hydro-
logischer Meßdaten. – Der Niederschlag. –
Evaporation und Transpiration. – Das Wasser
im Untergrund. – Der Abfluß und seine
Bestimmung. – Einfluß des Einzugsgebietes
auf die Beziehung zwischen Niederschlag und
Abfluß. – Der Abfluß im Drainagesystem
eines Einzugsgebietes. – Analyse von Abfluß-
ganglinien. – Niederschlag – Abfluß –
Modelle. – Extremwerte des Abflusses (Hoch-
wasservoraussage). – Langzeitanalyse von
Abflußmessungen. – Anhang. – Sachverzeichnis.

H. Karrenberg

Hydrogeologie der
nichtverkarstungsfähigen
Festgesteine

Mit Beiträgen von R. Hohl, A. Pahl,
H.-J. Schneider, M. Wallner

1981. 83 zum Teil farbige Abbildungen,
29 Tabellen. XIII, 284 Seiten
Gebunden DM 148,–
ISBN 3-211-81590-2

Inhaltsübersicht: Zur Einführung. – Hohl-
räume im nichtkarbonatischen Festgestein
und im Gebirge. – Grundlagen zur hydrogeo-
logischen Beurteilung nichtkarbonatischer
Festgesteine. – Berechnungsgrundlagen und
Rechenverfahren für Wasserströmung in
Trennfugen. – Grundwasservorkommen und
Wassergewinnung in verschiedenartigen
Gesteinsbereichen und ausgewählten Grund-
wasserlandschaften. – Umweltfragen bei
Grundwasser in nichtverkarstungsfähigen
Festgesteinen. – Ingenieurgeologisch-
geotechnische Aspekte. – Sachverzeichnis.

D. Vischer, A. Huber

Wasserbau

Hydrologische Grundlagen, Elemente des
Wasserbaues, Nutz- und Schutzbauten an
Binnengewässern

2., verbesserte Auflage. 1979. 335 Abbil-
dungen, 23 Tabellen. X, 217 Seiten
DM 58,–
ISBN 3-540-09663-9

Aus den Besprechungen: „...Das Buch behan-
delt die Grundlagen des Wasserhaushaltes
und den konstruktiven Wasserbau des
Binnenlandes. Dazu gehören Wasserfas-
sungen für Bach-, Fluß- und Seewasser, offene
und geschlossene Kanäle, Druckleitungen,
Stollen und Schächte. Weitere Kapitel sind
dem Speicherbau, dem Nutzwasserbau für
Bewässerung, der Schiffahrt und Wasserkraft,
dem Schutzwasserbau für Hochwasserrück-
halt und der Wildbachverbauung sowie dem
Flußbau und der Entwässerung vorbehalten.
Bemerkenswert ist ferner die Darstellung des
Wasserbaus in seinem Umweltbezug. Dazu
gehören die Einflüsse auf Wasserkreislauf
oder Ökosysteme und seine Rückwirkungen
auf den Menschen...“
Bauplanung – Bautechnik

Springer-Verlag
Berlin
Heidelberg
New York